奶产品质量与风险评估创新团队

中国农业科学院北京畜牧兽医研究所

中国奶产品质量安全研究报告

（2021年）

王加启　主编

中国农业科学技术出版社

图书在版编目（CIP）数据

中国奶产品质量安全研究报告. 2021年. / 王加启主编. —北京：中国农业科学技术出版社，2021.8

ISBN 978-7-5116-5130-3

Ⅰ. ①中… Ⅱ. ①王… Ⅲ. ①乳制品—产品质量—安全管理—研究报告—中国—2021 Ⅳ. ①TS252.7

中国版本图书馆 CIP 数据核字（2021）第 146141 号

责任编辑　金　迪
责任校对　贾海霞
责任印制　姜义伟　王思文

出 版 者　中国农业科学技术出版社
　　　　　北京市中关村南大街12号　　邮编：100081
电　　话　（010）82109705（编辑室）（010）82109702（发行部）
　　　　　（010）82109709（读者服务部）
传　　真　（010）82106650
网　　址　http://www.CASTP.cn
经 销 者　各地新华书店
印 刷 者　北京建宏印刷有限公司
开　　本　185mm×260mm　1/16
印　　张　7
字　　数　67千字
版　　次　2021年8月第1版　　2021年8月第1次印刷
定　　价　98.00元

《中国奶产品质量安全研究报告（2021年）》

编 委 会

《中国奶产品质量安全研究报告（2021年）》

编 写 组

主　编： 王加启

副主编： 郑　楠　张养东　刘慧敏　程广燕　孟　璐

赵圣国　周振峰　李海燕

编　委（按姓氏笔画排序）：

丰东升　王　成　王文博　王玉莲　王丽芳

车跃光　叶巧燕　李　红　李　栋　李　琴

李爱军　杨祯妮　肖湘怡　张　进　张佩华

陈　贺　郑百芹　赵善仓　姚一萍　顾佳升

高亚男　陶大利　韩荣伟　韩奕奕　程建波

程艳宇　戴春风

面对疫情：需要树立奶类具有双重营养功能的新认识

2020年的新冠肺炎疫情，比我们想象得要顽固，这就提醒我们除疫苗研发之外，也要重新审视食物对人体营养健康的重要性。

国家卫生健康委员会2020年2月在《新型冠状病毒感染的肺炎防治营养膳食指导》中明确提出，尽量保证每人每天至少300克奶及奶制品，有益于提高人体的抵抗力。国内外研究表明，奶类具有"基础营养"与"活性营养"双重营养功能。

中国研究者2020年率先解析了在全球新冠疫情流行背景下，奶类对人体营养、免疫与肠道微生物的稳态调节作用（Ren等，2020），2020年意大利研究者将奶类中的活性因子乳铁蛋白添加到新冠病毒感染患者的食物中，使得新冠肺炎患者的康复期从32天缩短到14天（Campione等，2020）。

近10年来，国际上对奶类的营养功能开展了系统研究，取得了重要进展，揭示奶类不仅仅具有普通食物的提供能量、脂肪、蛋白、矿物质等"基础营养"作用，更是发挥着"活性营养"的功能。这是因为奶类含有丰富的活性因子，比如乳铁蛋白、α-乳白蛋白和β-乳球蛋白对肺、结肠、肝、乳腺等部位的肿瘤具有抑制作用，并且可以缓解脑中风（Li等，2020）；免疫球蛋白IgG可显著预防人体轮状病毒诱导的腹泻（Inagaki等，2013），并且可与人呼吸道合胞病毒或其他病原体结合，发挥免疫保护的作用（Hartog等，2014）；乳过氧化物酶可抑制变形链球菌、血球链球菌和白色链球菌的生长（Welk等，2009），抑制肺部炎症细胞的浸润而减轻肺炎症状（Shin等，2005），缓解呼吸道疾病的发生（Fischer等，2011）。

因此，在人类与疫病斗争的过程中，不但要发挥奶类的"基础营养"功能，更要充分发挥奶类的"活性营养"功能，树立奶类具有"基础营养"和"活性营养"双重营养功能的科学理念，让奶类为国民营养计划和提高人民生命健康水平发挥更大作用。

前　言

绿色，孕育着希望。《中国奶产品质量安全研究报告》（简称"绿皮书"）以绿色为主色，寓意中国奶业肩负着人民健康的使命和强壮民族的希望。

新冠肺炎疫情的暴发和持续不仅让人们更重视医药医疗，也提醒了我们要重新审视食物营养对健康的重要性。奶类具有"基础营养"和"活性营养"双重功能，将为实现健康中国、强壮民族的目标发挥突出作用。

自2016年以来每年发布绿皮书，今年是第六年，其客观、科学地展现了奶业发展的状况，重点介绍奶业质量安全技术研究进展。

2020年，农业农村部奶产品质量安全风险评估实验室（北京）和国家奶业科技创新联盟联合12家全国奶产品质量安全风险评估实验室（站）和25个省60家乳制品企业，对中国奶业的基本情况、国产奶质量安全情况、国产奶与进口奶质量安全水平的比较进行了系统地分析和评估研究，同时对国家优质乳工程的实施成效进行介绍。

本绿皮书立足于奶业创新团队的研究结果和国内外资料综述。在内容上，每年有不同的侧重点，而不是面面俱到，也不能解决或回答所有问题。编写本报告仅为做强做优我国奶业，为消费者能喝上优质奶，保障中国人的奶瓶子提供一点参考。不足之处，请批评指正。

编　　者

2021年7月

目　录

第一章　中国奶业基本情况 ·· 1

　一、奶业生产 ··· 2

　二、奶制品加工 ··· 3

　三、奶制品消费 ··· 5

　四、奶制品贸易 ··· 6

第二章　国产奶质量安全情况 ·· 8

　一、奶制品安全高于全国食品安全平均水平 ············· 9

　二、国产婴幼儿配方奶粉继续保持高质量安全水平 ··· 9

　三、国产奶质量安全水平与欧盟比较 ····················· 10

　四、奶制品消费需求不断升级 ······························· 11

第三章　国产奶与进口奶质量安全水平比较 ················· 13

　一、国产奶与进口奶安全水平比较 ························· 14

　二、国产奶与进口奶质量水平比较 ························· 20

第四章 中国优质乳工程 ·················· 36

   一、优质乳工程企业总体介绍 ·············· 37

   二、优质乳工程产品抽检和复评审情况 ·········· 38

   三、优质乳产品质量评价 ················ 42

   四、优质牧场原料奶质量评价 ·············· 43

   五、优质乳工程大事记 ················· 46

第五章 专论 ························ 63

   奶业：疫情中的三点思考 ················ 63

   新冠肺炎疫情对中国奶业的冲击及应对策略 ······· 63

   新冠疫情对奶类消费的影响及应对建议 ········· 63

   王加启：中国奶业要在"做强做优"上下功夫 ····· 63

参考文献 ·························· 97

致 谢 ··························· 102

第一章　中国奶业基本情况

- ◆ 奶业生产

- ◆ 奶制品加工

- ◆ 奶制品消费

- ◆ 奶制品贸易

一、奶业生产

2020年，我国奶类总产量达到3 543万吨，其中牛奶产量3 440万吨，比2019年增加239万吨，增长7.5%，增长幅度创阶段性新高（图1-1）。从奶业区域布局来看，内蒙古*、黑龙江、河北、山东、河南的牛奶产量分别为611.5万吨、500.2万吨、483.4万吨、241.4万吨、210.1万吨，分别占我国牛奶总产量的17.8%、14.5%、14.1%、7.0%、6.1%，排名前五的省份总产量占全国牛奶总产量的59.5%。奶牛养殖规模化程度继续提升，据农业农村部监测数据显示，2020年，100头以上的奶牛标准化规模养殖场比重达到67%，同比提高3个百分点，养殖机械化、信息化、智能化水平进一步提升。全国奶牛养殖场（户）平均存栏为209头，比上年增加43头。奶站监测奶牛存栏506万头，奶牛单产8.6吨/年，同比增长5.9%。生鲜乳平均收购价格为4.3元/kg，同比增长6.7%。2020年国内奶牛养殖利益状况得到明显改善，年均毛利润达到13.4%。

---

*　内蒙古自治区简称内蒙古，全书同。

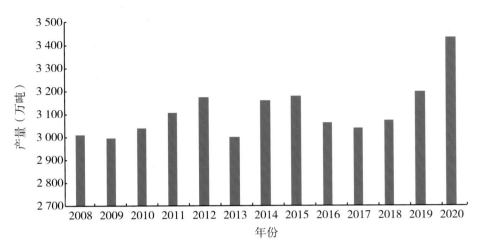

图1-1 2008—2020年我国牛奶产量

（数据来源：国家统计局，2020）

二、奶制品加工

据国家统计局数据，2020年我国规模以上奶制品企业累计产量2 780.4万吨（图1-2），同比增长2.8%。其中，液态奶产量2 599.4万吨，同比增长3.3%；奶粉产量为101.2万吨，同比降低9.4%。奶制品产量排名前十位的地区依次是河北、内蒙古、山东、河南、黑龙江、宁夏*、江苏、安徽、湖北、四川，产量合计1 887.2万吨，占全国总产量的67.9%。其中，河北省奶制品加工量居全国首位，约占全国的12.9%，其次是内蒙古，占比约12.1%，山东排第三位，占

---

* 宁夏回族自治区简称，全书同。

7.8%（图1-3）。国家统计局规模乳企监测数据显示，2020年全国奶制品加工销售总收入4 195.6亿元，同比增长6.2%，加工利润总额394.9亿元，同比增长6.1%，销售收入利润率为9.4%，比2019年下降0.2个百分点。

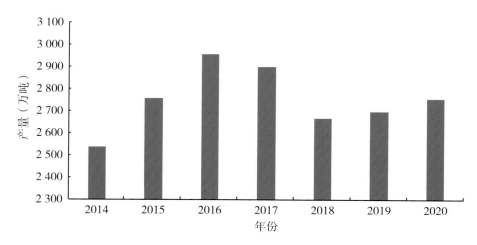

图1-2　2014—2020年规模以上奶制品企业累计产量

（数据来源：国家统计局，2020）

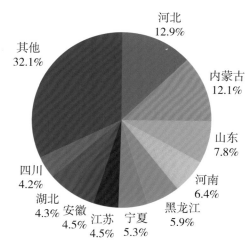

图1-3　2020年全国奶制品产量排名情况

（数据来源：国家统计局，2020）

三、奶制品消费

根据国家统计局数据，2020年我国牛奶产量为3 440万吨，同比增长7.5%。如果以国内奶类总产量与折合原料奶的奶制品进口总量之和来衡量，2020年奶制品需求达到了5 431万吨，与上年相比增长8.0%，人均奶制品消费量达到38.6kg，奶制品消费需求实现15年来最快增长，与2019年的35.8kg相比，增长7.8%，创阶段性新高。即便如此，我国人均奶制品消费量仍然偏低，与亚洲人均奶制品消费量超过80kg相比，不足其平均水平的1/2，与全球人均奶制品消费量的114.7kg相比，只有全球人均消费量的1/3，与欧美等典型发达国家饮奶量差距更大（图1-4）。

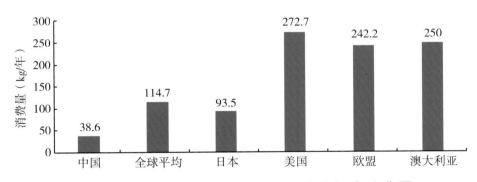

图1-4　全球典型发达国家或地区人均奶类消费量

（数据来源：IDF《The World Dairy Situation》，2020）

目前，我国奶类消费仍以液态奶消费为主，占比约为66.5%，高出世界平均水平约40%，干奶制品消费量很低，其中奶酪的人均消费量不足0.1kg/年，与世界主要奶业国家差距非常大。以美国为例，奶酪已经成为美国消费量最大的奶制品品类，2019年消费量为574.41万吨，人均17.5kg；而在与中国饮食习惯类似的邻国日本，这一数据则是人均2.3kg/年。从液态奶内部消费结构来看，据尼尔森行业调研数据，2020年，超高温灭菌（UHT）奶占液态奶消费总量的38.4%，仍然占据绝对优势，巴氏杀菌奶占比提高至3.0%，但消费比重依然有待提高。我国台湾地区本地巴氏杀菌奶市场占有率长期维持在70%以上，远高于我国大陆地区巴氏杀菌奶的消费比重，消费者虽有饮奶意识，但普遍存在认知程度低的问题，大多数消费者没有养成主动饮奶习惯，不了解巴氏杀菌奶与UHT奶的差异。

四、奶制品贸易

我国奶制品进口持续增长。据海关总署统计，2020年，我国进口各类奶制品328.1万吨，同比增长10.4%，折合鲜奶约1 875万吨。其中，进口干奶制品220.9万吨，同比增长7.8%，进口液态奶107.2万吨，同比增长16.0%（图1-5）。从干奶制品品类来看，大包粉进口量降至98.0万吨，同比下降3.5%；进口奶酪12.9万吨，同比增长12.5%；进口婴幼儿配方奶粉33.5万吨，同比下降3%；进口奶油和乳清分别为11.56万吨和62.6万吨，同比各增长35.2%、38.2%。同期，我国共计出口各类奶制品4.29万吨，同比减少21.1%（折合生鲜乳13.37万吨，同比减少43.0%），出口额2.2亿美元，同比下降49.0%（图1-6）。

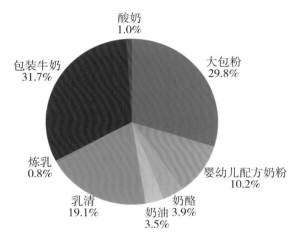

图1-5 2020年我国进口各类奶制品占比情况

（数据来源：中华人民共和国海关总署，2020）

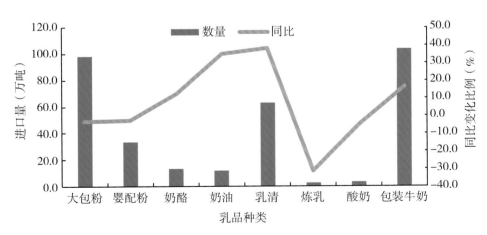

图1-6 2020年我国各类奶制品进口量和同比变化

（数据来源：中华人民共和国海关总署，2020）

第二章 | 国产奶质量安全情况

- ◆ 奶制品安全高于全国食品安全平均水平

- ◆ 国产婴幼儿配方奶粉继续保持高质量安全水平

- ◆ 国产奶质量安全水平与欧盟比较

- ◆ 奶制品消费需求不断升级

一、奶制品安全高于全国食品安全平均水平

根据国家市场监督管理总局数据，2020年市场监管系统完成食品安全监督抽检638.7万批次，合格记录数为623.9万批次，不合格记录数14.8万批次，总体不合格率2.3%。其中奶制品样品抽检89 273批次，合格产品89 160批次，不合格产品113批次，合格比例99.9%，不合格比例0.1%（表2-1）。奶制品合格率高于食品合格率平均水平，国产奶正在赢得消费者的信任。

表2-1　2018—2020年国内食品安全比较

项目	2018年		2019年		2020年	
	食品	奶制品	食品	奶制品	食品	奶制品
合格记录数（万份）	327.5	5.5	463.0	7.2	638.7	8.9
不合格记录数（万份）	8.1	0.01	10.8	0.02	14.8	0.01
不合格比例（%）	2.5	0.2	2.3	0.3	2.1	0.1

数据来源：国家市场监督管理总局。

二、国产婴幼儿配方奶粉继续保持高质量安全水平

近年来，市场监管部门严格落实"四个最严"要求，把奶制品作为食品安全监管工作重点，着力加强质量安全监

管，奶制品质量安全总体水平不断提升。国家食品安全监督抽检结果显示，我国奶制品、婴幼儿配方奶粉合格率连续6年达到99.0%以上，违法添加物三聚氰胺连续11年抽检合格率100.0%。2020年共监督抽检婴幼儿配方奶粉15 330个批次，检出不合格样品17个批次，合格率为99.9%。

三、国产奶质量安全水平与欧盟比较

2020年，生鲜乳乳脂肪、乳蛋白的抽检平均值分别为3.27%、3.78%，达到发达国家水平；体细胞数抽检平均值优于欧盟标准；婴幼儿配方奶粉中三聚氰胺等违法添加物抽检合格率继续保持100%。2020年，生鲜乳、奶制品抽检合格率均达到99.8%以上，而食品行业的整体合格率为97.7%，乳品安全位居整个食品行业前列。据欧盟食品与饲料快速预警系统（RASFF）统计数据，2019年欧盟食品不合格通报3 413起，其中奶产品相关62起，占1.8%。同年，中国奶制品抽检不合格率为0.3%，婴幼儿配方奶粉不合格率为0.2%，整体优于欧盟水平。

四、奶制品消费需求不断升级

我国奶制品消费升级首先体现在数量和结构升级。2020年我国大陆人均奶类消费量38.6kg，接近我国台湾人均奶类消费水平、低于日本和亚洲平均水平约40%，扣除全产业链5.3%的损耗，人均奶类可摄入量为36.6kg，达到《中国食物与营养发展纲要（2014—2020年）》的推荐目标。奶制品消费出现结构性转变。一是干奶制品占我国奶制品消费比重逐年提升，消费增速扩大，奶酪、奶油消费逐年大幅增长，近5年年均增幅均在10%以上。二是低温鲜奶发展迅速，低温乳品的市场份额逐步扩大，近4年一直保持20%以上的年均增长率；2020年新冠肺炎疫情下，低温鲜奶消费实现逆势增长，全年累计销售量同比增长25.6%，比2019年的增幅提高了1.3倍。低温鲜奶并不具有价格优势，消费者对其需求强劲，说明在疫情影响的大背景下，奶制品的营养健康功效备受重视，乳品消费结构逐步升级。

奶制品消费渠道不断升级，实现"互联网+电商"的全渠道融合。据2021年中国互联网网络发展状况统计报告，2020年全国网民规模达9.89亿人，互联网普及率70.4%。在互联网的加快普及下，奶制品消费呈现多渠道快速发展趋势，内部销售渠道得到拓展，衍生出创新跨界超市、社区团购、生鲜平台、直播电商、社交电商、微商等平台。据尼尔森数据，2020年，低温鲜奶线上销售量同比增长171.1%；另据天猫商城数据，2020年，低温鲜奶、常温奶同比销量分别增长150.0%、50.0%以上；据"饿了么"于2020年9月发布的《鲜奶外卖报告》数据，过去一年，低温鲜奶外卖订单增长一路高企，渗透率超过30.0%。由此可见，奶制品全渠道融合助力奶制品消费升级进入新格局、新时代。

第三章 国产奶与进口奶质量安全水平比较

◆ 国产奶与进口奶安全水平比较

◆ 国产奶与进口奶质量水平比较

2020年，中国规模以上奶制品企业累计产量达到2 780.4万吨，乳品进口量累计达到328.1万吨，产量与进口量均呈现出增长的态势。因此，农业农村部奶产品质量安全风险评估实验室（北京）延续从2013年开始对我国大中城市销售的液态奶进行调研、检测和验证，2020年继续系统开展了我国市售国产与进口液态奶质量安全比较研究。此外，2020年也开展了我国市售国产与进口婴幼儿配方奶粉质量安全的比较。这些研究得到了国家奶产品质量安全风险评估重大专项和国家奶业科技创新联盟等支持，也得到了社会各界普遍认可。2020年的风险评估研究结果表明，我国奶制品安全风险完全处于受控范围，整体情况较好，质量水平明显高于进口奶制品。

一、国产奶与进口奶安全水平比较

（一）国产巴氏杀菌奶与进口巴氏杀菌奶安全指标比较

1. 兽药残留

奶牛饲养过程中，由于不合理使用治疗药物和饲料药物添加剂，可能导致生鲜乳中存在兽药残留现象。兽药残留是指用药后蓄积或存留于畜禽机体或产品（如鸡蛋、奶品、肉品等）中原型药物或其代谢产物，包括与兽药有关的杂质的残留。牛奶中的兽药残留主要来自奶牛疾病预防和治疗过程中所使用的药物。中国于2019年颁布实施的《食品安全国家标准　食品中兽药最大残留限量》（GB 31650—2019）对奶中兽药残留进行了规定。

农业农村部奶产品质量安全风险评估实验室（北京）从2015年起开展了国产巴氏杀菌奶与进口巴氏杀菌奶中兽药残留风险评估研究，结果表明国产品牌与进口品牌均不存在使用违禁兽药或兽药残留超限量标准的情况。其中2020年开展了八大类61种兽药残留状况的风险评估，未出现超标及违禁药物滥用现象。

（二）国产UHT奶与进口UHT奶安全指标比较

1. 兽药残留

农业农村部奶产品质量安全风险评估实验室（北京）从2015年起连续开展了国产UHT奶与进口UHT奶中兽药残留风险评估研究，结果表明国产品牌与进口品牌均不存在使用违禁兽药或兽药残留超标的情况。

（三）国产婴幼儿配方奶粉与进口婴幼儿配方奶粉安全指标比较

1. 黄曲霉毒素M_1

黄曲霉毒素M_1（Aflatoxin M_1，AFM_1）主要存在于奶中，是一种剧毒物质，具有较强的致病性。它的致病性主要包括毒性和致癌性两种。国际癌症研究机构将黄曲霉毒素M_1定为1类致癌物。黄曲霉毒素M_1性质稳定，常见的牛奶加工方式无法破坏其结构，因此各国对奶及奶制品中黄曲霉毒素M_1限量的要求非常严格。

2020年国产及进口的28款产品均未检出黄曲霉毒素M_1，其中1段产品均符合《食品安全国家标准　婴儿配方食品》（GB 10765—2010）规定，2段与3段产品均符合《食品安全国家标准　较大婴儿和幼儿配方食品》（GB 10767—2010）规定。

2. 农药残留

农药残留是指任何由于使用农药而在食品、农产品和动物饲料中出现的特定物质，包括被认为具有毒理学意义的农药衍生物，如农药转化物、代谢物、反应产物及杂质。牛奶中的农药残留主要来源：动物食用含有农药残留的植物或饲料后通过食物链在体内蓄积；为驱杀害虫或防止病害直接用于奶牛的农药残留。在食物营养链中奶类处于较高级，所以其含有的农药残留量相对较高。国内外毒理学专家经过大量的试验研究证明，牛奶中农药残留污染对人体健康的危害属于长时期、微剂量、慢性细微毒性效应。因此，奶及奶制品中农药残留的检测也备受各国的重视。

对于2020年国产及进口的28款产品，针对52项农药残留情况进行检测，均未检出农药残留。

3. 兽药残留

对于2020年国产及进口的28款产品，针对61种兽药残留情况进行检测，均未检出兽药残留或违禁药物滥用现象。

4. 重金属

奶中重金属污染，主要是铅、铬、汞、砷等具有明显生物毒性的污染源受到人们关注，这些物质会对人体产生积累性的严重危害，且只要进入人体就较难排到体外，在蓄积效应下，会导致人体发生慢性中毒，甚至导致严重病变。

2020年国产及进口的28款产品中重金属（铅、铬、汞、砷）含量远低于《食品安全国家标准　食品中污染物限量》（GB 2762—2017）中的限量要求。

5. 硝酸盐和亚硝酸盐

硝酸盐和亚硝酸盐广泛存在于人类环境中，是自然界中最普遍的含氮化合物。亚硝酸盐如果大量进入人体的话，可能导致"高铁血红蛋白症"，血液失去携带氧的能力，从而出现缺氧症状，严重的可能危及生命。我国《食品安全国家标准　食品中污染物限量》（GB 2762—2017）中对婴幼儿配方食品中亚硝酸盐和硝酸盐都规定了限量，限量分别为2.0mg/kg（以粉状产品计）和100mg/kg（以粉状产品计）。

2020年，国产及进口的28款奶产品中亚硝酸盐含量均<0.5mg/kg；国产婴幼儿配方奶粉硝酸盐含量平均值为24.7mg/kg，进口婴幼儿配方奶粉硝酸盐含量平均值为25.6mg/kg（图3-1），所有参数均远低于《食品安全国家标准　食品中污染物限量》（GB 2762—2017）中的限量要求。

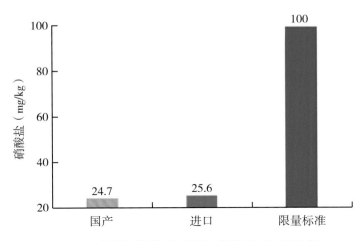

图3-1　婴幼儿配方奶粉硝酸盐含量比较

（四）小结

针对液态奶开展的2015—2020年连续6年的评价结果表明：国产液态奶与进口液态奶中兽药残留等主要安全因子无显著差异，均符合我国食品安全国家标准，并达到欧美安全限量标准。

针对婴幼儿配方奶粉开展的评价结果表明：国产婴幼儿配方奶粉与进口婴幼儿配方奶粉中黄曲霉毒素M_1、农药残留、兽药残留、重金属、硝酸盐和亚硝酸盐等主要安全因子无显著差异，均符合我国食品安全国家标准。

二、国产奶与进口奶质量水平比较

（一）国产巴氏杀菌奶与进口巴氏杀菌奶质量指标比较

1. 国产巴氏杀菌奶与进口巴氏杀菌奶营养品质指标比较

（1）乳铁蛋白

乳铁蛋白（Lactoferrin，LF）是乳汁中一种重要的铁结合糖蛋白，属于转铁蛋白家族，其分子量为80kDa，主要由乳腺上皮细胞表达和分泌。乳铁蛋白存在于大多数哺乳动物的初乳、乳汁中（牛初乳中1~2mg/mL，牛常乳中0.1~0.4mg/mL）。牛乳铁蛋白与人乳铁蛋白的氨基酸序列同源性可达70%。乳铁蛋白被认为是一种重要的宿主防御分子，当机体受外界病菌感染时，体内的乳铁蛋白含量会显著上升。此外，它具有其他多种生物学活性功能，如抗氧化、抗炎、抗癌和免疫调节等功能。

农业农村部奶产品质量安全风险评估实验室（北京）从2017年起开展了国产巴氏杀菌奶与进口巴氏杀菌奶中乳铁蛋白评估研究。2018—2020年，国产品牌乳铁蛋白含量平均值从24.3mg/L上升至34.9mg/L，而进口品牌乳铁蛋白含量平均值从4.6mg/L上升至7.6mg/L（图3-2）。国产品牌的乳铁

蛋白含量平均值均显著高于进口品牌的乳铁蛋白含量平均值
（*P*<0.05）。

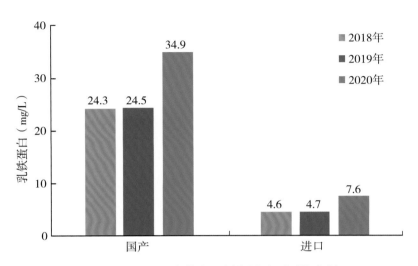

图3-2　巴氏杀菌奶乳铁蛋白含量比较

（2）β-乳球蛋白

β-乳球蛋白（β-Lactoglobulin）是乳清蛋白的主要成分之一，是由乳腺上皮细胞合成的乳特有蛋白质，占牛乳中乳清蛋白含量的43.6%～50%。β-乳球蛋白的水解物或分子修饰物具有降胆固醇与抗氧化等生理活性，是牛奶中的重要活性因子。

农业农村部奶产品质量安全风险评估实验室（北京）从2016年起开展了国产巴氏杀菌奶与进口巴氏杀菌奶中β-乳球蛋白评估研究。2018—2020年，国产品牌β-乳球蛋白含量持续提升，平均值从1 904mg/L上升至2 509mg/L，而进口品牌β-乳球蛋白含量平均值从205mg/L下降至158mg/L（图3-3）。国产品牌的β-乳球蛋白含量平均值均显著高于进口品牌的β-乳球蛋白含量平均值（$P<0.05$）。

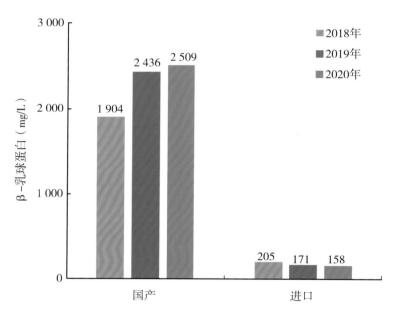

图3-3　巴氏杀菌奶β-乳球蛋白含量比较

（3）α-乳白蛋白

α-乳白蛋白（α-Lactalbumin）约占牛乳清蛋白的20%，是人奶中的主要蛋白质。α-乳白蛋白具有与乳糖合成相关的乳糖产生和乳分泌的基本功能，此外，人结合脂肪酸的apo-α-乳白蛋白对一些肿瘤细胞具有选择性的细胞凋亡作用。

农业农村部奶产品质量安全风险评估实验室（北京）2020年开展了国产巴氏杀菌奶与进口巴氏杀菌奶中α-乳白蛋

白评估研究。2020年，国产品牌α-乳白蛋白含量平均值为964.1mg/L，而进口品牌α-乳白蛋白含量平均值为449.6mg/L（图3-4）。国产品牌的α-乳白蛋白含量平均值显著高于进口品牌的α-乳白蛋白含量平均值（$P<0.05$）。

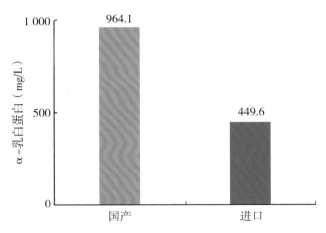

图3-4 巴氏杀菌奶α-乳白蛋白含量比较

2. 国产巴氏杀菌奶与进口巴氏杀菌奶热伤害指标比较

（1）糠氨酸

国际上，糠氨酸（Furosine）含量是反映牛奶热加工程度的一项敏感指标。糠氨酸含量过高，表明牛奶的受热程度高、保存时间长或者运输距离远。生乳中糠氨酸含量微乎其微，为2～5mg/100g蛋白质，且含量不受奶牛品种和饲养环境变化影响。但是经过热加工后，奶制品中糠氨酸含量升高，其原因是乳中蛋白质的氨基在受热条件下，与乳糖的羰基发生了美拉德反应，生成糠氨酸。糠氨酸的含量主要与奶制品的加工工艺相关，反映了奶制品中赖氨酸的破坏程度，是奶制品中早期美拉德反应的特异性标示物，可指示奶制品热处理的强度。在牛奶中，糠氨酸经常作为评估牛奶营养物质热损伤程度的指标，糠氨酸的生成量与牛奶中活性营养成分含量呈负相关。糠氨酸还可以作为检测巴氏杀菌奶和UHT奶中是否添加复原乳的重要指标。

农业农村部奶产品质量安全风险评估实验室（北京）从2015年起开展了国产巴氏杀菌奶与进口巴氏杀菌奶中糠氨酸的风险评估研究。2018—2020年，国产品牌糠氨酸含量平均值从20.3mg/100g蛋白质下降至17.4mg/100g蛋白质，而进口品牌糠氨酸含量平均值从53.9mg/100g蛋白质上升至60.3mg/100g蛋白质，后下降至50.8mg/100g蛋白质（图3-5），结果表明国产品牌的糠氨酸含量平均值均显著低于进口品牌的糠氨酸含量平均值（$P<0.05$）。

（2）乳果糖

乳果糖（Lactulose）含量也是反映牛奶热加工程度的一项敏感指标。乳果糖含量过高，表明牛奶的受热程度高、保存时间长或者运输距离远。在牛奶中，乳果糖可以作为牛奶营养物质热损伤程度的一项指标,乳果糖的生成量与牛奶中活性营养成分含量呈负相关。

农业农村部奶产品质量安全风险评估实验室（北京）2020年开展了国产巴氏杀菌奶与进口巴氏杀菌奶中乳果糖评估研究。2020年,国产品牌乳果糖含量平均值为55.6mg/L,而进口品牌乳果糖含量平均值为90.2mg/L（图3-6）。

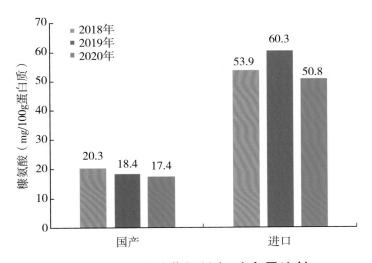

图3-5 巴氏杀菌奶糠氨酸含量比较

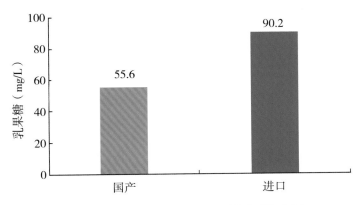

图3-6 巴氏杀菌奶乳果糖含量比较

（二）国产UHT奶与进口UHT奶质量指标比较

1. 国产UHT奶与进口UHT奶营养品质指标比较

（1）β-乳球蛋白

农业农村部奶产品质量安全风险评估实验室（北京）从2016年起开展了国产UHT奶与进口UHT奶中β-乳球蛋白评估研究。2019—2020年，国产品牌β-乳球蛋白含量提升，平均值从159.9mg/L上升至166.8mg/L，而进口品牌β-乳球蛋白含量平均值从59.2mg/L下降至45.7mg/L（图3-7）。国产品牌的β-乳球蛋白含量平均值均显著高于进口品牌的β-乳球蛋白含量平均值（$P<0.05$）。

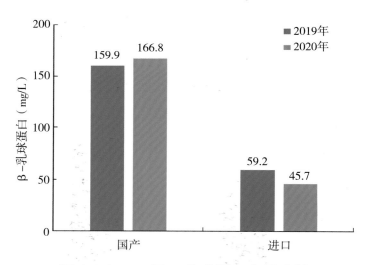

图3-7　UHT奶β-乳球蛋白含量比较

（2）α-乳白蛋白

农业农村部奶产品质量安全风险评估实验室（北京）2020年开展了国产UHT奶与进口UHT奶中α-乳白蛋白评估研究。2020年，国产品牌α-乳白蛋白含量平均值为251.1mg/L，而进口品牌α-乳白蛋白含量平均值为77.7mg/L（图3-8）。国产品牌的α-乳白蛋白含量平均值显著高于进口品牌的α-乳白蛋白含量平均值（$P<0.05$）。

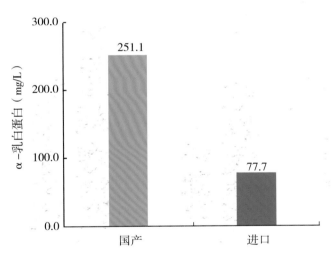

图3-8　UHT奶α-乳白蛋白含量比较

2. 国产UHT奶与进口UHT奶热伤害指标比较

（1）糠氨酸

农业农村部奶产品质量安全风险评估实验室（北京）从2015年起开展了国产UHT奶与进口UHT奶中糠氨酸的风

险评估研究。2019—2020年，国产UHT奶中糠氨酸含量平均值从199.4mg/100g蛋白质下降至127.8mg/100g蛋白质，进口UHT奶中糠氨酸含量平均值亦呈下降趋势，从277.4mg/100g蛋白质降至221.3mg/100g蛋白质（图3-9），国产品牌的糠氨酸平均值均显著低于进口品牌的糠氨酸含量平均值（$P<0.05$），且低于国际UHT奶的糠氨酸含量推荐标准250mg/100g蛋白质（Schlimme等，1996）。

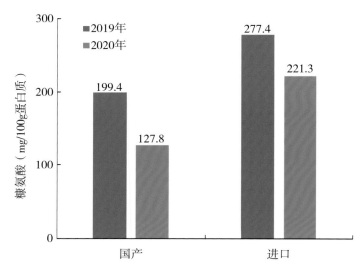

图3-9 UHT奶糠氨酸含量比较

（2）乳果糖

农业农村部奶产品质量安全风险评估实验室（北京）2020年开展了国产UHT奶与进口UHT奶中乳果糖评估研究。2020年，国产品牌乳果糖含量平均值为441.8mg/L，而进口品牌乳果糖含量平均值为474.8mg/L（图3-10）。

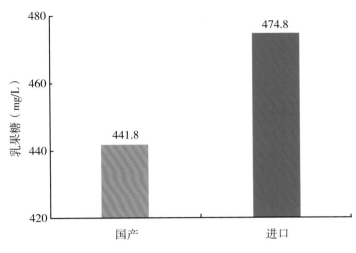

图3-10　UHT奶乳果糖含量比较

（三）国产婴幼儿配方奶粉与进口婴幼儿配方奶粉质量指标比较

1. 国产婴幼儿配方奶粉与进口婴幼儿配方奶粉营养品质指标比较

（1）脂肪

婴幼儿配方奶粉中的脂肪不仅是婴幼儿膳食能量的重要来源，同时也可以延缓婴幼儿胃肠的排空时间，提供必需脂肪酸，且有助于脂溶性维生素的吸收。因为牛羊乳的脂肪酸组成和人乳的差异较大，婴幼儿配方奶粉通过添加不同种类植物油来调整脂肪酸的组成使其更接近人乳。

2020年，16款国产婴幼儿配方奶粉中脂肪含量的平均值为23.0%，12款进口婴幼儿配方奶粉中脂肪含量的平均值为20.6%（图3-11）。

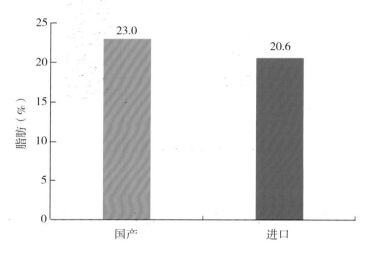

图3-11　婴幼儿配方奶粉脂肪含量比较

（2）蛋白质

蛋白质是婴幼儿配方奶粉中的必需营养素之一，是所有生命细胞极其重要的结构成分和活性物质。摄入足量的蛋白质也是生成抗体所必需的，抗体是保护人体免受感染性疾病的物质。如果婴儿饮食中缺乏蛋白质，则无法维持正常、健康的生长速率，严重可导致生长迟缓。

2020年，16款国产婴幼儿配方奶粉中蛋白质含量的平均值为16.0%，12款进口婴幼儿配方奶粉中蛋白质含量平均值略低于国产，为14.7%（图3-12）。

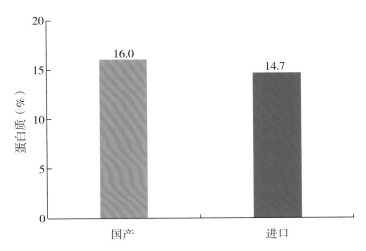

图3-12　婴幼儿配方奶粉蛋白质含量比较

（3）α-乳白蛋白

α-乳白蛋白是一种主要的乳清蛋白，具有调节产乳、细胞溶解活性、诱导细胞生长抑制和细胞凋亡等多种功能。α-乳白蛋白又是乳清蛋白中最优质的蛋白质，占乳清蛋白含量的27%，而且α-乳白蛋白含有丰富的色氨酸，色氨酸被认为是调节婴儿睡眠、情绪和食欲的重要营养素，有助于婴儿睡眠，促进大脑发育。另外，α-乳白蛋白能提供最接近母乳的氨基酸组合，提高蛋白质的生物利用度，降低蛋白质总量，从而有效减轻肾脏负担。

2020年，16款国产婴幼儿配方奶粉中α-乳白蛋白含量平均值为2 469.3mg/kg，12款进口婴幼儿配方奶粉中α-乳白蛋白含量平均值低于国产，为1 632.8mg/kg（图3-13）。

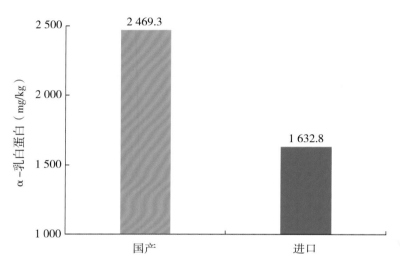

图3-13　婴幼儿配方奶粉α-乳白蛋白含量比较

（4）β-乳球蛋白

β-乳球蛋白是牛和羊奶的主要乳清蛋白，也存在于许多其他哺乳动物中。β-乳球蛋白能够通过铁载体结合铁，因此可能在抵抗病原体方面发挥作用。此外，其水解物质或分子修饰物，具有降胆固醇与抗氧化等生理活性。

2020年，16款国产婴幼儿配方奶粉中β-乳球蛋白含量平均值为4 271.8mg/kg，12款进口婴幼儿配方奶粉中β-乳球蛋白含量平均值低于国产，为3 894.0mg/kg（图3-14）。

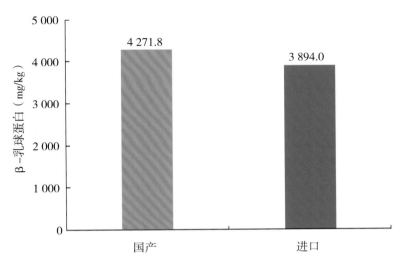

图3-14　婴幼儿配方奶粉β-乳球蛋白含量比较

2. 国产婴幼儿配方奶粉与进口婴幼儿配方奶粉热伤害指标比较

（1）糠氨酸

2020年，16款国产婴幼儿配方奶粉中糠氨酸平均值为637.9mg/100g蛋白质，12款进口婴幼儿配方奶粉中糠氨酸平均值高于国产，为671.1mg/100g蛋白质（图3-15）。

（2）乳果糖

2020年，16款国产婴幼儿配方奶粉中乳果糖平均值为1 031.0mg/kg，12款进口婴幼儿配方奶粉中乳果糖平均值高于国产，为1 360.4mg/kg（图3-16）。

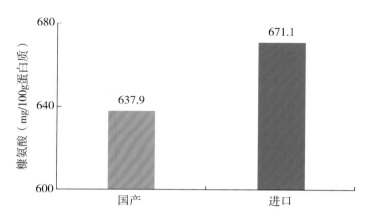

图3-15 婴幼儿配方奶粉糠氨酸含量比较

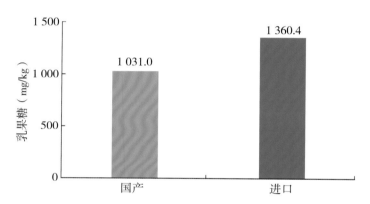

图3-16 婴幼儿配方奶粉乳果糖含量比较

（四）小结

2015—2020年连续6年针对液态奶开展的评价结果表明：进口液态奶的糠氨酸含量显著高于国产液态奶，而乳铁蛋白和β-乳球蛋白含量则显著低于国产液态奶。由此可见，进口液态奶制品存在过度加热或长期贮存的情况，造成其中乳铁蛋白等生物活性物质损失严重。

　　针对婴幼儿配方奶粉开展的评价结果表明：国产和进口婴幼儿配方奶粉都符合安全标准，进口婴幼儿配方奶粉的糠氨酸含量和乳果糖含量高于国产婴幼儿配方奶粉，而α-乳白蛋白含量和β-乳球蛋白含量等则低于国产婴幼儿配方奶粉。由此可见，国产婴幼儿配方奶粉更加营养、更加新鲜。

第四章 | 中国优质乳工程

◆ 优质乳工程企业总体介绍

◆ 优质乳工程产品抽检和复评审情况

◆ 优质乳产品质量评价

◆ 优质牧场原料奶质量评价

◆ 优质乳工程大事记

一、优质乳工程企业总体介绍

2016年至今，申请加入实施优质乳工程的企业共60家，分布在全国25个省（区、市）。截至2020年底，已通过国家奶业科技创新联盟优质乳工程验收的企业30家，其中2016年验收3家企业，2017年新增验收11家企业，2018年新增验收14家企业，2019年新增验收1家企业，2020年新增验收1家企业。另外，尚有30家企业正在实施优质乳工程（图4-1，图4-2）。

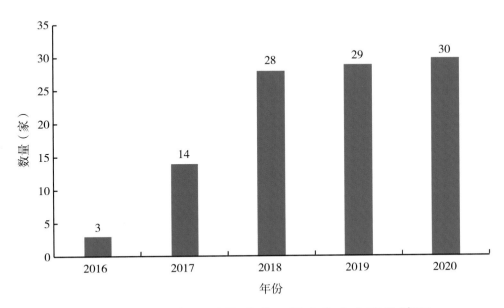

图4-1 连续5年通过优质乳工程验收企业变化情况

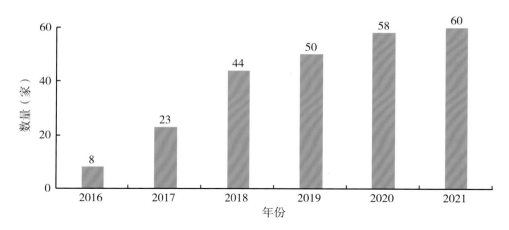

图4-2　申请加入实施优质乳工程企业逐年变化情况

二、优质乳工程产品抽检和复评审情况

2020年度共有22家通过优质乳工程验收的企业参加抽检，其中8家通过两次抽检，14家通过一次抽检（同年开展一次复评审验收）。24家企业开展了复评审，16家通过复评审验收，其中5家企业于2019年开展了复评审验证。

2020年度抽检22家共计74款通过优质乳工程验收的巴氏杀菌奶产品，参加抽检的74款优质乳工程产品各项指标符合《优质巴氏杀菌奶》（T/TDSTIA 004—2019）的规定：糠氨酸≤12mg/100g蛋白质，乳铁蛋白≥25mg/L，β-乳球蛋白≥2 200mg/L。结果如下：

糠氨酸最大值8.5mg/100g蛋白质，最小值5.6mg/100g蛋白质，平均值6.5mg/100g蛋白质（图4-3）。

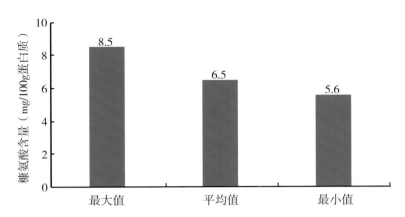

图4-3　2020年优质乳工程糠氨酸抽检结果

乳铁蛋白最大值80.9mg/L，最小值25.0mg/L，平均值41.6mg/L（图4-4）。

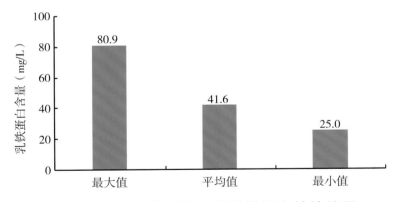

图4-4　2020年优质乳工程乳铁蛋白抽检结果

β-乳球蛋白最大值3 890.2mg/L，最小值2 315.5mg/L，平均值3 212.6mg/L（图4-5）。

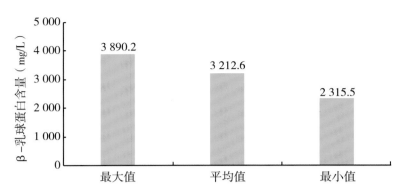

图4-5　2020年优质乳工程β-乳球蛋白抽检结果

2020年度18家企业共计98款优质巴氏杀菌奶产品开展了现场连续3天的复评审验证，参加复评审验证的98款优质乳工程产品各项指标符合《优质巴氏杀菌奶》（T/TDSTIA 004—2019）的规定：糠氨酸≤12mg/100g蛋白质，乳铁蛋白≥25mg/L，β-乳球蛋白≥2 200mg/L。结果如下：

糠氨酸最大值11.8mg/100g蛋白质，最小值6.2mg/100g蛋白质，平均值7.4mg/100g蛋白质（图4-6）。

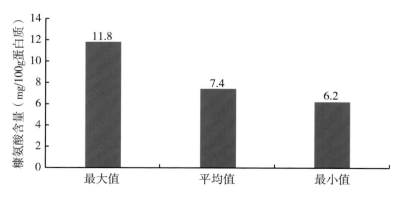

图4-6　2020年优质乳工程糠氨酸复评审结果

乳铁蛋白最大值97.1mg/L，最小值25.8mg/L，平均值53.8mg/L（图4-7）。

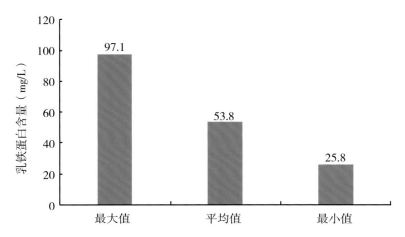

图4-7 2020年优质乳工程乳铁蛋白复评审结果

β-乳球蛋白最大值3 930.7mg/L，最小值2 271.5mg/L，平均值3 273.1mg/L（图4-8）。

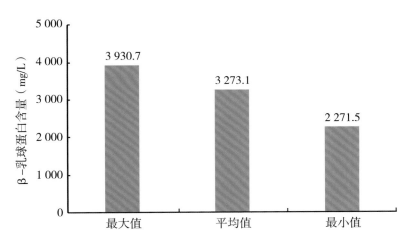

图4-8 2020年优质乳工程β-乳球蛋白复评审结果

三、优质乳产品质量评价

2020年度针对优质乳工程产品开展抽检与复评审共计172批次样品，各项指标符合《优质巴氏杀菌奶》（T/TDSTIA 004—2019）的规定：糠氨酸≤12mg/100g蛋白质，乳铁蛋白≥25mg/L，β-乳球蛋白≥2 200mg/L。

与进口巴氏杀菌奶进行比较，发现国产优质巴氏杀菌奶糠氨酸含量显著低于进口巴氏杀菌奶，而乳铁蛋白和β-乳球蛋白则显著高于进口产品（$P<0.05$）（图4-9至图4-11）。

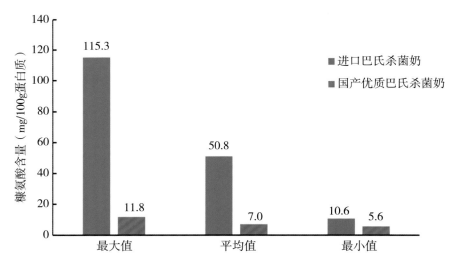

图4-9 2020年国产优质巴氏杀菌奶与进口巴氏杀菌奶糠氨酸分析结果

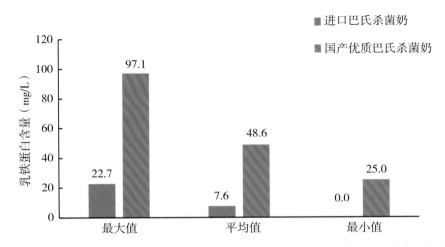

图4-10　2020年国产优质巴氏奶与进口巴氏奶乳铁蛋白分析结果

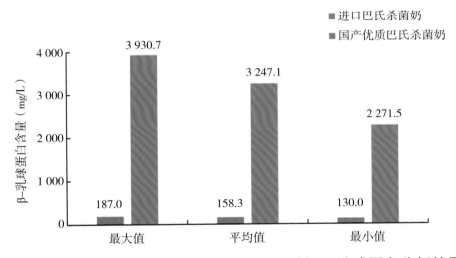

图4-11　2020年国产优质巴氏奶与进口巴氏奶β-乳球蛋白分析结果

四、优质牧场原料奶质量评价

2020年针对26家通过优质乳工程验收的优质奶源牧

场共计240批次生乳样品开展了抽检和复评审验证，参加抽检和复评审验证的240批次优质奶源牧场生乳样品各项指标符合《特优级生乳》（T/TDSTIA 002—2019）的规定：脂肪≥3.4g/100g，蛋白质≥3.1g/100g，菌落总数≤5×10^4 CFU/g（mL），体细胞数≤3×10^5 scc/mL；优于美国PMO和欧盟标准。美国PMO条例规定：蛋白质≥2.0g/100g，菌落总数≤1.0×10^5 CFU/g（mL），体细胞数≤7.5×10^5 scc/mL；欧盟标准规定：蛋白质≥2.9g/100g，菌落总数≤1.0×10^5 CFU/g（mL），体细胞数≤4.0×10^5 scc/mL。结果如下：

脂肪最大值4.49g/100g，最小值3.42g/100g，平均值3.71g/100g（图4-12）。

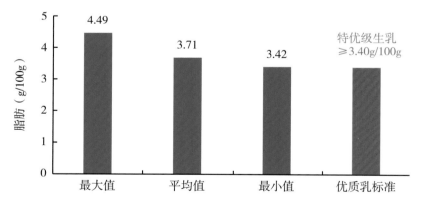

图4-12 2020年优质奶源牧场生乳脂肪含量与特优级生乳标准比较

蛋白质最大值3.99g/100g，最小值3.17g/100g，平均值3.49g/100g（图4-13）。

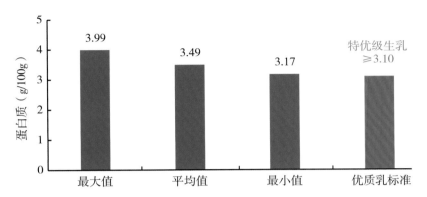

图4-13 2020年优质奶源牧场生乳蛋白质含量与特优级生乳标准比较

菌落总数最大值3.6×10^4 CFU/mL，最小值3.5×10^2 CFU/mL，平均值1.0×10^4 CFU/mL（图4-14）。

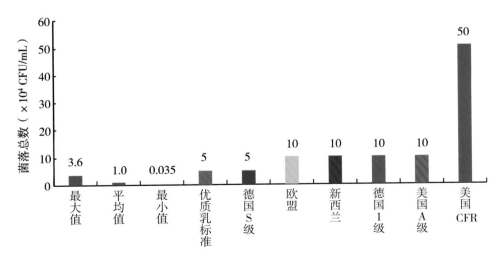

图4-14 2020年优质奶源牧场生乳菌落总数与欧美等各国限量标准比较

体细胞数最大值2.29×10^5 scc/mL，最小值0.91×10^2 scc/mL，平均值2.8×10^4 scc/mL（图4-15）。

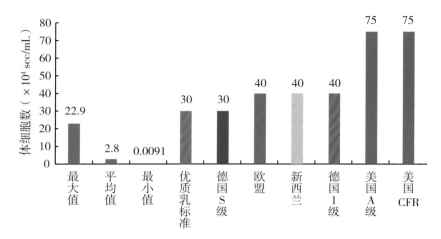

图4-15　2020年优质奶源牧场生乳体细胞数与欧美等各国限量标准比较

五、优质乳工程大事记

2019年12月31日至2020年1月2日，国家奶业科技创新联盟委托北京畜牧兽医研究所技术人员一行2人赴广东温氏乳业有限公司对申请优质乳工程验收的1款巴氏杀菌奶产品与奶源牧场进行现场验收验证工作。

2020年1月5日，重庆市天友乳业股份有限公司通过国家奶业科技创新联盟优质乳工程复评审（图4-16）。2017年，通过验收的优质巴氏杀菌奶销量1.8万吨，2018年增长到2.3万吨，2019年增长到2.6万吨，年均增长率70.0%，已占到重庆巴氏奶市场的90.0％以上。2016年天友乳业实施优质乳工程，2017年通过专家组验收，时隔2年，通过专家组复评审，表明技术应用效果稳定。

图4-16　重庆市天友乳业股份有限公司优质乳工程复审验收会

2020年1月5—7日，国家奶业科技创新联盟委托中国农业科学院北京畜牧兽医研究所技术人员一行2人赴河北新希望天香乳业有限公司对通过优质乳工程验收的1款巴氏杀菌产品和新增扩项的2款巴氏杀菌产品，以及优质奶源牧场进行现场复评审验证工作。

2020年1月10日，国家奶业科技创新联盟获得农业农村部官方认定，农业农村部发布《农业农村部办公厅关于认定首批国家农业科技创新联盟的通知》（农办科〔2019〕35

号），首次官方认定奶业科技创新联盟等34个联盟，认定奶业科技创新联盟为15个标杆联盟之一。

2020年6月12—14日，国家奶业科技创新联盟派出专家组，评审温氏乳业优质乳工程工作进展情况（图4-17）。经过专家现场调研，会议查阅记录材料，专家组一致同意温氏乳业优质乳工程工作通过验收。温氏乳业作为第30家通过优质乳工程验收的乳制品企业，正式成为国家优质乳工程项目的一员，这标志着温氏乳业的巴氏鲜奶已达到优质乳营养品质和卫生安全标准，踏上优质乳工程实施新征程。

图4-17　广东温氏乳业有限公司优质乳工程评审会

2020年6月20日，国家奶业科技创新联盟秘书长张养东赴湖南优卓食品科技有限公司交流优质乳工程。

2020年8月5日，新希望昆明雪兰牛奶有限责任公司第二次复评审验收会议召开（图4-18）。本次会议由国家奶业科技创新联盟秘书长张养东主持，国家奶业科技创新联盟理事长王加启、副理事长顾佳升，云南省奶业协会会长黄艾祥，云南省现代农业奶牛产业技术体系首席科学家毛华明教授和云南农业大学苟潇副教授等一行专家领导出席了验收会议。经过严格评审后，验收专家组一致同意昆明雪兰通过优质乳工程第二次复评审，这标志着昆明雪兰各环节均已达到优质乳营养品质和安全标准。

图4-18　新希望昆明雪兰牛奶有限责任公司通过优质乳工程第二次复评审

2020年8月10日，国家奶业科技创新联盟在福建武夷山举办发布会，宣布福建长富乳品有限公司全部巴氏鲜奶顺利通过中国优质乳工程第二次复评审验收，成为全国首家全品项巴氏鲜奶连续通过中国优质乳工程复评审的企业（图4-19）。长富乳业从2016年，第一次通过优质乳工程验收，实现一个牧场，一条工艺线，一个产品达到优质乳工程标准的突破。2018年，长富乳业通过优质乳工程复评审，旗下13个牧场，2条加工线，9个产品全品项通过验收，实现80℃加工工艺的突破。2020年，长富乳业第二次全品项产品通过验收，实现了75℃加工工艺的突破。

图4-19　福建长富乳品有限公司通过优质乳工程第二次复评审验收

2020年8月17日，由国家奶业科技创新联盟主办，甘肃兰州庄园乳业承办的首届中国高原牧场鲜奶峰会，在兰州成功召开（图4-20）。国家奶业科技创新联盟理事长王加启和联盟秘书长张养东出席了会议。

**图4-20　国家奶业科技创新联盟理事长王加启在首届
中国高原牧场鲜奶峰会上作报告**

2020年8月26日，杭州新希望双峰乳业有限公司复评审验收会议召开（图4-21）。本次会议由国家奶业科技创新联盟秘书长张养东主持，国家奶业科技创新联盟理事长王加启、副理事长顾佳升通过线上方式参会，浙江省食品工业协会乳制品分会会长尤玉如教授、浙江大学叶均安教授现场审核。经现场专家与参会领导审核，双峰乳业顺利通过优质乳工程复评审验收。

图4-21　杭州新希望双峰乳业有限公司通过优质乳工程复评审验收

2020年8月27日上午，光明乳业股份有限公司九家工厂复评审验收会议召开（图4-22）。国家奶业科技创新联盟理事长王加启、副理事长顾佳升、秘书长张养东出席了现场验收会议。经过专家现场调研，会议查阅记录材料，专家组一致同意光明乳业股份有限公司九家工厂通过优质乳工程复评审验收。

图4-22　光明乳业股份有限公司通过优质乳工程复评审验收

2020年8月27日下午，中垦华山牧乳业有限公司复评审验收会议召开（图4-23）。本次会议由国家奶业科技创新联盟秘书长张养东主持，联盟理事长王加启、副理事长顾佳升通过线上方式参会。经过严格评审后，验收专家组一致同意中垦华山牧乳业通过优质乳工程第一次复评审验收。

图4-23 中垦华山牧乳业有限公司通过优质乳工程复评审验收

2020年8月28日，河北新希望天香乳业有限公司召开优质乳工程复评审验收会议（图4-24）。本次会议由国家奶业科技创新联盟秘书长张养东主持，河北省政府农业产业化办公室、河北省农产品加工局王增利主任、局长，河北农业大学李建国教授、河北省唐山市畜牧水产品质量监测中心郑百芹研究员，国家奶业科技创新联盟理事长王加启等作为会议验收专家参会。在听取天香乳业优质乳工程实施过程工作汇报、审阅原始记录、第三方检测机构复评审现场验证检测结果宣读等流程后，优质乳工程复评审验收专家组成员一致同意天香乳业有限公司通过优质乳工程复评审。

图4-24　河北新希望天香乳业有限公司通过优质乳工程复评审验收

2020年8月29日，由国家奶业科技创新联盟和中国农业科学院北京畜牧兽医研究所主办的"国家奶业科技创新联盟工作会议"在京成功召开（图4-25）。农业农村部科技教育司窦鹏辉处长、中国农业科学院北京畜牧兽医研究所张军民副所长、中国奶业协会周振峰副秘书长、中国农业科学院科技管理局周舒雅女士，以及全国四十余家优质乳企业代表参加了会议。本次会议由联盟理事长王加启研究员主持，会议系统总结了优质乳在"健康营养"中已经产生的积极引领作用，发布优质乳工程实施以来的系统成果《中国奶产品质量安全研究报告》（2020年），为实施优质乳工程的优秀示范企业颁发了奖牌（图4-26）。

图4-25　"国家奶业科技创新联盟工作会议"在京成功召开

图4-26　优质乳工程优秀示范企业授牌

2020年9月6日，四川新希望华西乳业有限公司召开优质乳工程复评审验收会议（图4-27）。国家奶业科技创新联盟理事长王加启研究员、秘书长张养东博士、孟璐博士，四川农业大学王之盛教授、敖晓琳副教授、姜雅慧老师等作为现场验收评审专家出席会议。经过专家现场调研，查阅记录材料，现场评审专家组一致同意新希望华西乳业通过优质乳工程复评审验收。

图4-27　四川新希望华西乳业有限公司通过优质乳工程复评审验收

2020年9月7日下午，在中国农业科学院组织举办的交流会议上，中国农业科学院书记张合成研究员向北京大学领导介绍优质乳产品，并邀请现场品尝优质乳工程技术产品（图4-28）。

图4-28　中国农业科学院张合成书记向北京大学领导介绍优质乳工程技术产品

2020年9月25日，由江西省委省政府和中国科学院共同举办的"2020江西智能峰会暨国家级大院大所产业技术进江西"在南昌举办（图4-29）。中国科学院、中国农业科学院、中国信息通信研究院、钢铁研究总院等每个院全部只遴选4项产业化技术进行展示；优质乳标准化技术被组委会遴选为优秀技术成果进行展示。江西省省长以及10余位院士团队参观优质乳工程展区，听取中国农业科学院王述民局长介绍优质乳工程技术，并咨询了相关技术情况。

图4-29　与会领导优质乳工程展区听取优质乳标准化技术介绍

2020年10月13日，由中国奶业协会饲料饲养与环境专业委员会和河北现代农业产业技术体系奶牛产业创新团队共同举办的"牛奶优质化暨奶牛饲料饲养与环境专业委员会专题会议"在石家庄成功举办，本次会议以"落实国办高质量发展要求，大力推动牛奶优质化发展"为会议主题（图4-30）。中国农业科学院原党组书记、中国奶业协会战略发展工作委员会名誉副主任陈萌山，农业农村部畜牧兽医局二级巡视员王俊勋等领导出席会议并讲话，国家奶业科技创新联盟副主任顾佳升，河北现代农业产业技术体系奶牛产业创新团队首席专家倪俊卿，上海睿农企业管理咨询有限公司总经理侯军伟等3位专家作报告，来自全国的150余位业内同仁参加了会议，会议由河北农业大学教授李建国主持。

图4-30　"牛奶优质化暨奶牛饲料饲养与环境专业委员会专题会议"
成功举办

2020年10月24日，国家奶业科技创新联盟理事长王加启、秘书长张养东等到四川雪宝乳业考察调研，四川雪宝乳业启动实施优质乳工程（图4-31）。

2020年11月17日上午，奶业创新团队首席科学家王加启研究员在兰州大学参加"任继周草业科学奖励基金"捐赠仪式（图4-32），任继周院士家人、北京体育大学任海教授，宁波大学陈剑平院士，北京大学黄季焜教授，内蒙古农业大学韩国栋教授，中国科学院水利部水土保持研究所李世清研究员，中国农业大学张英俊教授，兰州大学校长严纯华院士，中国工程院院士南志标，副校长曹红，副校长、教育发展基金会常务副理事长范宝军等出席会议。

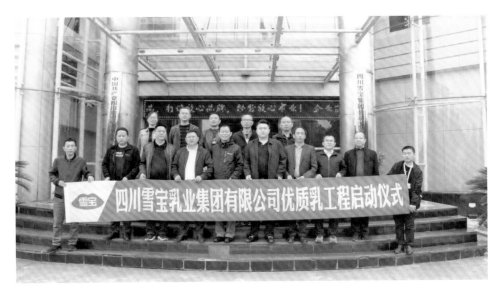

图4-31　四川雪宝乳业启动实施优质乳工程

图4-32　"任继周草业科学奖励基金"捐赠仪式

2020年11月17日上午，奶业创新团队首席科学家王加启研究员在兰州大学参加了草地农业生态系统国家重点实验室2019—2020年度学术委员会会议。学术委员会主任南志标院士、副主任方精云院士、委员陈剑平院士、张福锁院士、于贵瑞院士、韩国栋教授、黄季焜教授、李世清研究员、王德利教授、杨云锋教授、张大勇教授、张英俊教授、李凤民教授、刘建全教授、王锁民教授、贺金生教授，兰州大学副校长潘保田教授、科学发展研究院副院长安娴，以及实验室各研究团队负责人、草地农业科技学院、生命科学学院、生态创新研究院等单位负责人出席了会议，会议由学术委员会主任南志标院士主持。

2020年11月17日下午，国家奶业科技创新联盟王加启理事长、张养东秘书长等一行4人到兰州庄园牧场股份有限公司调研（图4-33），针对兰州庄园牧业的优质乳工程实施进展情况进行了深入的沟通交流，兰州庄园牧业董事长马红富等出席了本次调研座谈会。

图4-33 兰州庄园牧场股份有限公司现场调研会

2020年12月17日，现代牧业优质乳工程灭菌奶和巴氏杀菌奶工艺升级方案讨论会在蚌埠举办，国家奶业科技创新联盟秘书长张养东博士出席了本次会议（图4-34）。

图4-34 现代牧业优质乳工程灭菌奶和巴氏杀菌奶工艺
升级方案讨论会现场

　　2020年12月18日下午，新疆西域春乳业优质乳工程启动会成功召开，国家奶业科技创新联盟理事长王加启、副理事长顾佳升、秘书长张养东以线上形式参加了本次启动会（图4-35）。联盟理事长王加启研究员在会上指出：西域春乳业工作思路清晰，对优质乳工程理解比较深入。同时指出联盟会一如既往地支持西域春乳业优质乳工程的实施。联盟副理事长顾佳升以"刍议工艺优化"为主题，介绍了如何获得优质乳的优化工艺操作，重点介绍了"巴氏奶优化工艺路径"。联盟秘书长张养东以"发展奶业的科学理念：优质奶，本土奶"为主题作优质乳工程实施技术培训，详细介绍了加入优质乳工程实施流程。

图4-35　新疆西域春乳业优质乳工程启动会

第五章 | 专论

- ◆ 奶业：疫情中的三点思考

- ◆ 新冠肺炎疫情对中国奶业的冲击及应对策略

- ◆ 新冠疫情对奶类消费的影响及应对建议

- ◆ 王加启：中国奶业要在"做强做优"上下功夫

奶业：疫情中的三点思考

一、发展奶业有助于减少疫情风险

疫情发生与食物消费方式密不可分。我国2003年发生非典疫情、2020年发生新冠病毒疫情，实际上还有2004年、2005年、2006年、2007年、2008年、2009年、2013年、2014年、2015年、2016年、2017年、2018年、2019年、2020年的14次禽流感疫情，表面上看，既涉及非法食用野生动物，也涉及家养动物，归根结底是一个"吃"字，问题的本质是食物消费方式。

相对分离的食物消费方式可以减少疫情风险。食物消费方式有两类，一类是食物生产后直接消费，生产环境与消费环境混合在一起；另一类是在食物消费之前进行必要的简洁加工，食物生产环境与消费环境之间相对分离。相对分离的食物消费方式是人类社会文明进步的重要标志之一，也是有效避免直接消费活体动物，减少人类疫情风险的健康消费方式。

发展奶业是建立相对分离食物消费方式的引导力量，

有助于减少疫情风险。据FAO统计数据，2017年全球人均每天牛奶蛋白摄入量为8.5g，是人类最多的单一动物蛋白来源。在食物系统中，奶业产业链长、产品不易贮存，而且投资大、硬件要求高、回报周期长，相对其他食物生产难度更大。但是，人类对优质蛋白和美好生活的不懈追求，不仅成就了奶业，更是升华了人类自身。奶业发展与奶产品消费必须经过种植、养殖、加工，最后进入超市，才能到消费者手中。在奶业的带动下，食物生产与食物消费环境相对分离，无论城市还是农村，用于食物消费的超市、商店和便利店逐渐发展，尤其是冷链条件日趋完善，为其他食物消费方式的转变发挥了重要引导示范作用，不仅仅成为整个食物链健康消费方式的引领者，而且在一定程度上减少了人类直接购买和消费活体动物类食物引发的疫情风险。

二、发展奶业有助于构建绿色农业体系

"粮猪"结构的农业体系作用重大，但是也有不足之处。种一季庄稼，有50%的生物产量转化为籽实，作为粮食用于口粮与饲料粮，但是还有50%的生物产量转化为秸秆，难以利用。一块土地上，拿走50%的粮食，废弃50%的

秸秆，或者再用更多的能耗去处理秸秆，年复一年，这就是"粮猪"结构农业生产的基本状况。

发展奶业可以弥补"粮猪"结构的不足。奶牛等反刍动物，拥有特殊的瘤胃，能够大量充分利用整株植物资源，比如全株玉米青贮饲料、苜蓿青贮饲料，利用的是整个植株，是全部的生物产量。奶牛养殖需要的牧草不适宜远距离运输，必须就近种植，而且需要禾本科与豆科合理搭配种植，所以在整个农业生产中，奶牛与土地结合最紧密，融为一体，一块土地，产出的生物量全部为奶牛食用，生产出人类需要的牛奶，留下优质的肥料肥田。因此，奶业生产，是名副其实的高效节粮型畜牧业。

发展奶业是维护农业多元化，构建绿色农业体系的重要途径。发达国家的奶业产值一般占整个农业产值的20%左右，英国达到40%，我国仅2%左右。20世纪70年代，欧共体通过联合国粮食计划署实施了很著名的对第三世界牛奶援助项目，依然值得我们思考。当时的欧共体国家，牛奶都大量过剩了，还要倒贴钱援助给第三世界国家，这些国家为什么还要发展奶业？一个原因是保持一定比例的奶业，可以避免形成过度依赖"粮猪"的农业生产结构，更有利于保持农业生产的多元化，更有利于维护整个农业的生态融合，一是维护养殖业与种植业的融合，二是维护种植业中禾本科植物与豆科植物的融合。豆科植物，不应该被冷落，它的可持续发展价值，需要得到更多重视。

因此，让奶业在整个农业系统中发展到合适的比例，可以减轻养猪生产的压力，是推动绿色农业体系构建的重要途径。

三、发展奶业有助于强壮整个民族

奶瓶子里装的是国家富强的基础和希望。牛奶是大自然赐予人类最接近完美的食物，素有"白色血液"的美誉，是除母乳之外，婴幼儿的第一口粮。因此，奶瓶子里装的不仅仅是一种普通食品，而是每个婴幼儿早期生命最脆弱时的守护神，是健康中国和强壮民族的担当，是对子孙后代的责任，也是国家富强的基础和希望。

许多国家把发展奶业作为提高国民身体素质的重要途径，并且取得了历史性成就。如日本"一杯牛奶强壮一个民族"、美国"三杯牛奶行动"、印度"白色革命"等。第二次世界大战硝烟未尽，英国一片苍凉、百废待兴，丘吉尔首相1943年3月21日对全国发表广播讲话时就提出"对任何社会，都没有比把牛奶喂进婴儿嘴里更好的投资了"（There is no finer investment for any community than putting milk into babies），坚定了英国民众对战争最终胜利的信心，唤起了英国民众对战后美好生活的向往。

我国人均奶产品消费量低，是目前国家发展的短板。2019年我国奶类人均表观消费量约35.9kg，仅为世界平均水平的1/3[*]。2017年我国每天人均动物蛋白消费量40.4g，其中肉类提供53.1%，奶类仅提供6.7%。相比之下，日本奶类提供动物蛋白的14.8%，美国是30.4%，德国是40.2%。无论从农业生产结构分析，还是从食物消费结构分析，我国奶业都是显而易见的短板。

推动奶业优质发展，应该成为国家的优先政策。只有加快部署重大战略研究和重大科技攻关，攻克良种选育、健康养殖、苜蓿青贮、生鲜奶用途分级、低碳加工工艺和优质奶产品评价等核心技术，才能高质量构建饲料生产—奶牛养殖—奶类加工—奶品消费有机衔接的健康发展模式，为推动

---

* 注：我国奶类人均表观消费量=（我国奶类产量+净进口原奶量）/2019年年中人口数，2019年奶类总产量统计数据尚未公布，2019年全国牛奶产量3 201万t，2018年牛奶产量占奶类总产量的96.8%，按该占比推算，2019年全国奶类总产量约3 307万t。

奶业供给侧结构性改革闯出一条优质绿色之路，丰富全国人民的奶瓶子，同时从消费端减轻猪肉生产压力，改善食物结构，为健康中国、满足人民美好生活作出应有的贡献。发展奶业，可以有效带动食物消费方式中的乡村冷链或商超建设、推动绿色农业生产体系构建和提升食物消费结构中奶类的比例，这些都是社会发展与民生改善的期待，既要算经济账，更要算民生账。奶类食物是生活必需品，是全社会的普惠食物，要避免过度加工、过度包装、过多环节、过高利润，制造所谓的"高端食品"，鼓励通过简洁加工、就近加工，做到安全卫生、绿色低碳、营养鲜活的牛奶就在身边，经济方便，惠及每个家庭，让中华民族更加健康强壮。

新冠肺炎疫情对中国奶业的冲击及应对策略

摘要：为准确研判新冠肺炎疫情对中国奶业影响，农业农村部食物与营养发展研究所乳品政策与健康消费团队及时开展消费者、乳企和牧场3个层面调研，在线组织专家深入研讨，立足一手调研数据和专家意见，研究分析了新冠肺炎疫情下居民乳品消费、乳品加工、牧场生鲜乳销售及饲料物质保障情况，预判2020年生鲜乳产量稳中有增，乳品消费增速下降为2%～3%，乳品企业库存消化压力较大，养殖和加工收益下降趋势明显。应对疫情等不可控风险事件对奶业的冲击，从长期来看，要从引导消费入手，优化我国乳品工业结构，发展奶酪等干奶制品产业，完善奶农办加工支持政策，构建中国奶业"蓄水池"机制。

一、新冠肺炎疫情下中国奶业基本情况

（一）居民家庭乳品消费明显下降，液态奶降幅整体在50%以上

据乳品政策与健康消费团队2月12日至13日对北京、上

海、河北、山东、安徽等22个省份1 054个消费者线上调研数据表明，受购买渠道减少、网购配送时间过长等因素影响，疫情防控居家期间低温鲜奶、常温白奶、低温酸奶、常温酸奶饮用量分别下降了55.6%、66.6%、73.5%、51.5%。蒙牛集团常温、低温品类春节期间销量同比下滑都在60%以上。两方面数据一致反映疫情对终端消费影响很大，低温产品大幅下降主要是产品保质期短、物流配送要求高，不便于囤货；常温产品大幅下降主要是疫情期间节日礼赠消费不足，据凯度监测，乳品礼赠规模在春节期间占25%以上，2020年春节礼赠只占到全年销售的6.6%，比正常下降18个百分点以上。

（二）乳品加工企业开工不足，喷粉是消化奶源的主要做法

受疫情影响，乳品市场景气度较低，产品销售不畅，加之企业前期为迎接春节消费旺季备货充足、包材等企业停工、员工复工受阻等原因，疫情期间乳品加工企业普遍开工不足，据重庆天友乳业股份有限公司介绍，春节后截至目前，企业日生鲜乳加工量下降200～250t，疫情前企业日加工量500t，开工率为40%～50%；北京三元乳业疫情期间日生鲜乳加工量下降400～500t，与正常600t/天加工水平相比，下降了100~200t。

非疫区绝大多数乳品加工企业都能按合同收购原奶，针对过剩奶源，加工企业只能通过喷粉消化，三元乳业预计2月喷粉数量会超过2019年全年。很多企业没有喷粉设备，委托第三方代加工，个别地区出现排队喷粉情况，大包粉加工费用也增至4 000元/t，比正常加工费提高30%。初步估计，疫情期间全行业每天喷粉1 400t（按大包粉计），成本在3.5万~4万元/t，高出进口1倍以上，后期消化这些大包粉企业会面临较大经济压力。

（三）奶农生鲜乳销售困难，仍面临饲料等物资缺乏问题

受疫情期间道路封锁、加工企业生鲜乳原料需求大幅下滑等因素影响，奶农生鲜乳销售困难，在所调研的近20家牧场中（包含湖北疫区和非疫区），均存在因交通管制运不出去奶、或绕路运奶时间过长造成品质下降等问题，湖北疫区俏牛儿牧业、黄冈市龙感湖管理区龙腾乳业疫情期间生鲜乳几乎全部倒掉，每天分别倒奶3.5t、10t。在非疫情区域，主要是未与乳企签订收购合同、自办加工（奶吧）奶农生鲜乳

销售困难，只能低价交给乳企或委托加工喷粉。牧场饲料等物质后期保障存在问题，多数企业反映库存饲料尤其粗饲料不足、补货难度大，主要原因是饲料供应商不能按时发货、省际物流封锁仍未彻底解除。

二、新冠肺炎疫情对全年乳品供需的影响

（一）经济下行和节日消费骤减导致全年乳品消费增速下降

近5年来，我国乳品消费处于稳中有增阶段，年均增量不大，在0.43kg/（年·人）。2019年受非洲猪瘟影响，其他畜产品价格不断升高，乳品价格相对稳定，人均消费增量达到1.7kg阶段性新高，消费总量增长5.2%。鉴于非洲猪瘟影响短期难以消除，预计在没有新冠肺炎疫情情况下，2020年会继续保持这一高位增长，预计消费总量增速在4.8%。新冠肺炎疫情带来的经济下行和节日消费骤减对全年乳品消费下降影响较大，主要体现在两个方面：一是经济下行带来的收入下降将制约乳品消费增长；二是乳品常年消费相对均衡，春节旺季减少的消费很难在后期得到补偿，鉴于目前消费逐步恢复，按半个月疫情、50%降幅保守估算，预计节

日消费骤减会带动全年乳品消费下降2%。综合判断，预计2020年难以保持2019年高位增长势头，全年乳品消费增速为2%～3%。

（二）乳品企业库存积压较多，乳品市场价格走低

受春节旺季备货充足、终端消费大幅减少等多重因素影响，乳品企业普遍库存积压较多，以蒙牛集团为例，1月23—28日，蒙牛集团常温产品日均出库较2019年同期降低了12.1%，成品日均未走量（发不出去的量）较上年同期提升了7.9%，奶酪总库存较去年增加一倍以上，低温和鲜奶产品库存也大幅增加。国内常温乳品保质期一般为6个月，低温产品保质期为8～21天，加之消费者对新鲜度要求比较高，企业往往通过打折促销的方式处理临期产品，这也是疫情期间其他畜产品价格都大幅上涨乳品反而下降的重要原因。整体判断，全年乳品供给相对宽松，乳品市场价格将整体低于2019年。

（三）奶牛存栏基本保持稳定，生鲜乳产量稳中有增

据农业农村部奶牛信息监测统计分析报告，截至2020年

1月，奶站监测奶牛存栏466.69万头，同比增加1.57%；奶站监测生鲜乳产量为178.13万t，同比增长2.43%。根据对多家牧场调研数据分析，应对疫情给奶牛养殖造成的不利影响，主要措施是积极降低成本，而不是减少奶牛存栏。预计奶牛存栏基本将保持基本稳定，受饲料原料及成品等运输、奶制品消费渠道受阻，消费量下降明显等因素影响，生鲜乳价格和养殖效益还将下降，预计全年生鲜乳产量稳中有增。

（四）国产乳品原料供给增加，大包粉进口减少趋势明显

整体上看，我国生鲜乳生产不能满足国内乳品加工需求，不足部分主要通过进口大包粉、乳清粉等原料补充。2019年，受消费需求旺盛拉动，全年大包粉进口量101.5万t，有2/3用于液态奶及乳饮料生产。2020年受国内新冠肺炎疫情影响，乳品需求下降、全行业喷粉数量增加、国内生鲜乳产量增长因素影响，国内乳品原料供给宽松，预判大包粉进口减少10万t以上。

三、新冠肺炎疫情下稳定奶业发展的建议

（一）短期应急措施

1.多途径扩大乳品消费

一是扩大乳品营养健康效用的宣传，本次消费调研表明，如果提高对乳品营养价值的认知，60%以上的消费者会增加牛奶消费。二是积极鼓励企业向疫区进行捐赠，针对疫情期间企业"捐奶"，实行100%税前扣除。三是鼓励企业向贫困地区儿童、妇女、老人等重点区域、重点人群实施营养援助，支持企业以奶粉形式向交通不便的贫困地区进行援助。

2.通过财税金融手段减轻企业运营压力

借鉴"非典"时期好的做法，对受疫情影响比较严重的乳品等行业减免部分税费，免收乳品在疫情期间高速通行等费用，通过降低企业增值税、减免相关费用为企业减轻负担。同时，向奶农及加工企业提供低息或免息贷款，扩大抵押范围，建立政府为主导的第三方担保机制。

3. 解决包材饲料企业复工问题

在确保疫情防控情况下，准许当地工厂，特别是饲料、纸箱、奶粉纸袋和吸管等工厂及时复工，把奶制品的包装企业纳入可以提前复工的食品加工相关企业名单。

4. 确保牧场基本正常运营

一是尽管农业农村部要求各地不得以防疫为由，违规拦截仔畜雏禽、饲料运输车辆和畜产品运输车辆，但一些地区尤其是疫情较为严重的区域仍存在原奶、饲料进出困难，建议尽快开辟"绿色通道"，确保"调的出奶、进得去料"，稳定牧场生产。二是出台喷粉补贴或临时收储政策，鼓励加工企业收购生鲜乳，确保所有养殖户卖得出奶。

（二）长期发展建议

纵观世界奶业强国，其乳品加工都形成了液态奶、奶酪、奶粉、奶油等多元化产品结构，可有效应对生鲜乳生产、消费季节性不均衡问题，产奶高峰、消费淡季可以多生产易于保存的奶酪、奶粉、奶油等产品，保证加工需求与生鲜乳产量相匹配，避免奶价大幅波动。此次新冠肺炎疫情对奶业造成的不利影响也反映出我国乳品消费结构、生产结构存在的问题。应对疫情等不可控风险事件对奶业的冲击，从长期来看，要从引导消费入手，优化我国乳品工业结构，发展奶酪等干奶制品产业，完善奶农办加工支持政策，构建中国奶业"蓄水池"机制，主要建议如下。

1. 推动消费结构多元化特色化

2019年我国大陆人均奶类表观消费量为36.6kg，仅为中国居民膳食指南推荐量的1/3，亟需加强引导增加消费数量。从消费结构上看，其中液态奶占66.5%，远高于我国台湾地区34.3%、日本17.7%的水平。提升乳品消费数量、优化消费结构，要着力解决液态奶多、干奶制品少的问题，引导百姓由喝奶向吃奶转变，一是培育奶酪等干奶制品新的增长点，开发易于消费者接受的奶酪、黄油等干奶制品；二是积极发展中国特色的奶豆腐等干奶制品，丰富消费者的选择；三是从娃娃抓起，从小培养喝奶吃奶习惯，扩大学生奶的覆盖范围及品种种类。

2. 扶持国内原制奶酪生产

从消费上看，奶酪营养价值高，素有"奶黄金"之称，同时具有附加值高、易储存的特点，国际人均奶酪消费量接近20kg/年，日本也有2.2kg/年，而我国仅为0.1kg/年，提高奶酪消费是提升我国奶制品消费量的重要途径。从生产端分析，原制奶酪是高耗奶产品，可以很好地解决我国原料奶季节性不均衡问题，对于稳定市场、保护奶农利益意义重大，也是缓解当前生鲜乳过剩被迫喷粉现状的有效途径。建议设立专项资金，减免营业税、进口设备关税政策，加快该行业发展。

3. 制定奶农办加工的支持政策

通过本次调研情况来看，由于抗风险能力普遍较低，新冠肺炎疫情对中小牧场影响较大，建议借鉴欧洲做法，支持中小型牧场自办加工，生产地域特色的奶制品，延长产业链，增加价值链。一是要放宽乳品加工准入政策，放宽准入限制。二是建立农产品加工企业信用担保制度，解决农产品加工企业融资难、融资成本高的问题。三是确保国家对农产品加工企业补贴的政策落地，打通项目补贴的"最后一公里"。四是拓宽奶制品销售渠道，保障加工的奶制品销路，可在政府、机关和学校优先供应当地奶农加工的奶制品，提倡消费当地本土奶。

新冠疫情对奶类消费的影响及应对建议

摘要：目前我国正处于奶业振兴的关键时期，2019年我国奶类生产和消费两旺，生产消费增幅创阶段性新高。据农业农村部监测数据，2020年2月份生鲜乳产量同比增加9.1%。科学研判新冠疫情对今年全年奶类消费影响、提出针对性提升消费措施与建议对保障供需平衡、推进奶业振兴具有重要意义。研究分析表明，受新冠疫情影响，2020年奶类消费较快增长势头受阻，消费增速由2019年5.1%降至1.3%以下，应从科普宣传、消费方式、学生奶、销售渠道等多途径扩大消费，巩固奶业振兴向好趋势。

一、2019年奶类消费增长情况及原因分析

2019年，我国奶类总产量[*]、各类奶制品进口量、乳品工业总产量分别为3 307万t、297万t（折合原奶计约1 731万t）、2 719万t，同比分别增加4.1%、7.1%、1.2%，国内生产、

---

[*] 2019年奶类总产量统计数据尚未公布，2019年全国牛奶产量3 201万t，2018年牛奶产量占奶类总产量的96.8%，按该占比推算，2019年全国奶类总产量约3 307万t。

加工、进口"三量齐增"，一致反映出国内奶类消费需求旺盛。以表观消费量计，2019年全年奶类消费总量5 015万t（统一折原奶），同比增长5.1%；人均消费量35.9kg，与2018年相比，人均消费量提高1.6kg，增长4.7%，明显高于2015—2018年年均0.5%的消费增速。2019年较高水平的奶类消费增长主要有三个方面的原因。

（一）奶业振兴利好政策带动

2018年6月，《国务院办公厅关于推动奶业振兴保障乳品质量安全的意见》发布实施；12月，农业农村部、发展改革委等9部委联合印发《关于进一步促进奶业振兴的若干意见》。奶业振兴意见不仅在提升国内生鲜乳产量、支持乳品加工、加强质量监管等方面做出明确要求，也把提振奶制品消费信心作为一条重要举措。围绕引导和促进奶制品消费，多个部门合力加强奶业公益宣传，倡导科学饮奶，积极培育国民食用奶制品特别是干奶制品的习惯。

（二）非洲猪瘟背景下奶类替代消费增长

一是非洲猪瘟发生以后，猪肉价格大幅上涨，并带动其他肉品价格同步提高，比较而言，奶类价格变化不大。据2019年12月第4周的数据，猪肉、禽肉、牛肉、羊肉、UHT奶价格分别为50.9元/kg、24.9元/kg、82.3元/kg、80.3元/kg、12.3元/kg，同比分别提高114.7%、22.6%、20.2%、17.0%、6.4%。在这种价格体系下，10g动物蛋白质对应的猪肉、禽肉、牛肉、羊肉、UHT奶成本分别为4.9元、1.9元、5.1元、5.7元和4.1元，除禽肉之外，牛奶还具有明显价格优势。

除蛋白更优以外，牛奶还富含钙等其他营养成分，是国内外公认的完美食物，也是老百姓公认的营养品。猪肉价格上涨对中下等收入群体影响明显，相对稳定的奶类价格也增加了这部分群体的乳品消费。尼尔森和蒙牛市场调研数据一致表明，奶类市场在向四、五、六线城市及农村地区下沉。综合分析，受肉类价格大幅上涨的影响，部分中低收入群体用奶类替代猪肉，既保障了营养，又节约开支。

（三）新产品新业态奶类消费增长较快

除了常规包装奶消费，各种形式的间接奶类消费增长很快。一是奶茶。据行业测算，2019年人均奶茶16.1杯，按每杯500mL、16%含奶量计，全年奶茶用奶量185万t，与2018年相比，增长12.5%。二是咖啡。据行业专家判断，2019年人均咖啡消费量7.2杯，按每杯330mL、50%含奶量计，全年咖啡用奶量156万t，与2018年相比，增长16.5%。三是烘焙产品。受中西方饮食文化互鉴影响，添加奶油奶酪烘焙产品很受市场欢迎，近5年烘焙行业市场规模年均增速10%以上。

二、新冠疫情对奶类消费影响及趋势判断

与2003年SARS疫情不同，当前经济正处于高质量稳步发展阶段，2019年人均GDP增速为7.4%，明显低于2002年9.1%；奶类消费属于稳定增长期，2019年人均消费量增速为4.7%，也远低于2002年20%。而且新冠疫情集中暴发期在春节期间，是奶类消费的旺季，对经济发展、居民消费的影响都将远大于SARS疫情。新冠疫情会对奶类消费造成正反两个方面的影响。

（一）正面影响

新冠疫情会从3个方面促进奶类消费，一是奶业振兴环境持续向好，2020年中央一号文件明确提出支持奶业发展，为减轻本次疫情对奶业的冲击，国家和部分省区还出台了新

的支持政策，卫健委把每人每天300g牛奶作为一项重要膳食指导。二是新冠疫情和非洲猪瘟叠加，预计2020年以猪肉为代表的其他畜产品价格会继续保持高位，奶类会更具价格优势。三是新冠疫情会明显增强居民健康消费意识，据营养所春节期间开展的1 068份消费者调研数据，如果提高对乳品营养价值的认知，60%以上的消费者会增加牛奶消费。2003年SARS疫情下，人均奶类消费增长26%，与2002年相比，增幅提高30%。2019年人均奶类消费量同比增长4.7%，比较SARS疫情奶类消费增长情况，消费替代和健康意识增强会带动人均奶类消费增长6.1%。

（二）负面影响

从负面上来讲，新冠疫情也从3个方面抑制奶类消费：一是收入增幅下降将制约乳品消费增长，据团队测算，以液态奶为例，收入每增加1%，人均奶类消费增长1.74%，反之亦然。按照上海交通大学李峰等人中观估计（疫情3月中下旬得到控制），受疫情影响，预计2020年GDP增速比2019年下降0.5个百分点，增速降幅为8.1%，若人均收入增速保持同等降幅，则比2019年下降0.47个百分点，带动人均奶类下降0.8个百分点。二是乳品常年消费相对均衡，疫情期间减少的消费很难在后期得到补偿，预计疫情3月底后影响将逐步消除，按2个月时间，20%～30%降幅估算，疫情期间消费骤减会带动全年乳品消费下降3.3%～5%。三是疫情对咖啡和奶茶等新产品新业态消费影响较大，初步按2个月不能正常营业计，按2019年市场规模估计，将减少近60万t牛奶需求，约占总消费量的1.1%。

综合正负两方面影响，预计2020年难以保持上年高位增长势头，全年人均乳品消费量基本与上年持平，预计变幅在-0.8%～0.9%，人均年消费量为35.6～36.2kg，人口按14亿人计*，奶类需求总量为4 996万～5 080万t，与2019相比，变幅在-0.4%～1.3%。

三、应对消费下降的政策建议

从国内生产看，据农业农村部数据，2020年2月，奶站生鲜乳产量为180.8万t，同比增加9.1%，预计全年奶类产量增长5%以上。加上疫情期间10多万吨喷粉和企业库存，后期国内乳品原料供给相对宽松，应积极扩大奶类消费，最大

---

　　* 数据来源《中国农业展望报告（2019—2028》宏观经济社会发展主要指标假设，2020年预测人口数为140 664万人，人口数量为2019年与2020年平均数。

程度上减少疫情对奶类消费的抑制作用，继续保持生产、消费较快增长的良好局面。

1. 加强科普宣传，提升居民对牛奶营养健康的认知

2019年人均每日奶类消费量98.4g（折原奶），仅相当于卫健委每日300g推荐量的32.8%，与营养需求差距很大。据营养所调研，如果提高对乳品营养价值的认知，60%以上的消费者会增加牛奶消费。建议利用疫情期间居民营养健康意识较高这个有利时机，加强奶类营养与健康知识科普，提高对居民对乳品营养价值的认知。

2. 推动由"喝奶"向"吃奶"转变，引导消费升级

2019年我国人均奶类表观消费量为36.6kg，仅为中国居民膳食指南推荐量的1/3，其中一个很重要的原因是消费结构过于单一，液态奶占66.5%，远高于中国台湾地区34.3%、日本17.7%的水平。提升乳品消费数量，要着力优化消费结构，积极引导百姓由喝奶向吃奶转变，一是培育奶酪等干奶制品新的增长点，开发易于消费者接受的奶酪、黄油等干奶制品；二是积极发展中国特色的奶豆腐等干奶制品，丰富消费者的选择。

3. 扩大学生奶覆盖对象，从小培养科学饮奶习惯

2018年，全国在校小学生数量1.56亿，只有2 200万学生坚持在校饮奶，占比仅14%，覆盖人群比较有限。建议扩大小学生学生奶覆盖人群，努力使贫困地区全覆盖，明确将学生奶纳入学生营养餐，同时将幼儿园低龄人口纳入学生奶覆盖范围。

4. 普及社区智能乳品柜，加大线上销售力度

新冠疫情下，消费者外出采购食物频次下降，建议推广社区奶制品智能冷柜，配奶取奶采取无缝管控，无人值守服务，避免交叉感染。开展社区拼团服务，以小区为单位，进行销售，实行居民线上下单，商家配送至提货点，自助提货方式。充分利用电商平台和O2O平台，开展无接触配送和送货到家等业务。

王加启：中国奶业要在"做强做优"上下功夫

文/《财经国家周刊》记者　里雨曦

2017年1月24日，习近平总书记在考察内蒙古旗帜乳业时指出："要下决心把乳业做强做优，生产出让人民群众满意、放心的高品质乳业产品，打造出具有国际竞争力的乳业产业，培育出具有世界知名度的乳业品牌。"

由"做大做强"到"做强做优"，习近平总书记为中国奶业的未来发展指明了道路。

在农业农村部食物与营养发展研究所所长、国家奶业科技创新联盟理事长王加启看来，"十三五"乃至更长的时间内，我国奶业解决了安全与质量的问题，而目前，中国奶业的"做优"还只停留在一个名词阶段。

如何真正做优，完成中国奶业根本性的转变，应该是中国奶业在"十四五"期间，乃至更长的时间内所必须要集中解决的问题，中国奶业需要一次根本性的转变。

奶业已经筑牢了安全的防线

王加启认为，"十三五"期间乃至过去的10年，中国奶业发生的最大的变化就是筑牢了安全的防线，这对于奶业来说是一次质的飞跃。

之所以称之为质的变化，是因为奶业的安全防线几乎是在2008年三聚氰胺事件后建立起来的，这经历了从无到有的过程。

2008年三聚氰胺事件发生之前，我国对奶业的安全认识不足，监督管理体系的建设不完善，保证食品安全的力量十分薄弱。

而三聚氰胺事件的发生也给中国的奶业造成了极大的伤害，负面影响甚至十余年难以消退。2008年以后，中国奶业痛定思痛，在各方面的积极努力下，筑牢了中国奶业的安全防线。

安全是奶业的生命线。2008年三聚氰胺事件后，政府、行业协会、科研高校、从业人员等都投入最大的力量开展全产业链条转型升级，农业农村部继续加强实施"生鲜乳质量安全监测计划"，启动实施"奶及奶制品质量安全风险评估专项监测计划"，有效地震慑了违法添加行为等的发生。

农业农村部连续11年生鲜乳质量安全监测计划发现，中国奶业已经成为食品安全系数最高的行业之一。

2020年，生鲜乳、奶制品抽检合格率均达到99.79%以上，而食品行业的整体合格率为97.73%，奶业达到整个食品行业抽检合格率最高水平。

与此同时，中国奶业乳蛋白、乳脂肪的抽检平均值分别为3.25%、3.82%，达到发达国家水平；菌落总数、体细胞抽检平均值优于欧盟标准。婴幼儿配方奶粉中三聚氰胺等违禁添加物抽检合格率持续保持100%，未发生重大乳品质量安全事件。

安全状况得到彻底改观的同时，一度丧失的奶业消费信心也在逐渐的恢复。

2020年3月，国家奶业科技创新联盟团队对北京、浙江、重庆等12个省（区、市）开展居民乳品质量安全调研，2 996份调研问卷结果发现74.77%的消费者认为国产奶制品十分安全或比较安全，消费者对国产奶质量安全认可度高于进口奶。

"中国奶业取得的成绩，傲人的数据背后都是有血有肉的故事。"王加启表示，奶业安全情况取得的瞩目成绩背后是每一个奶业工作者的努力。

可以说，在过去的十年里中国奶业人卧薪尝胆，为筑牢中国奶业的安全防线而砥砺前行。

第一，我们国家建立了以政府为主导的奶业安全体监测体系。各个管理部门从中央到地方乃至到市到县，都建立了相应的监管体系。监管体系也完成了从无到有，日趋完善的过程。

第二，我们国家奶业安全的科技支撑力量发生了根本的变化，这也成为筑牢奶业安全防线的重要力量。

过去10年期间，产业安全的科技科研工作，科技创新工作，尤其是在基础数据检测技术、过程控制等方面都实现了从无到有的变化。

第三，我国奶业的安全的研究人才、监测人才、管理人才不断地增加，而这样的一批人才队伍也成为捍卫奶业安全的重要的力量。

"正是因为他们艰苦辛勤的工作，才使得我们国家牢牢地树立了奶业安全的这道防线。"王加启表示，中国奶业在安全上取得的成效大家是有目共睹的，无论是生鲜乳还是奶产品、婴幼儿配方奶粉合格率在整个食品行业里面都位居前列。而数据的背后实际上是科技的进步和奶业人的汗水和辛勤的工作，奶业安全的质变绝非易事，也不是一蹴而就的。

需破解奶业优质发展的难题

王加启表示，"十三五"乃至过去十年，中国奶业解决了安全防线从无到有的问题，那么"十四五"期间奶业面临的将是"从有到优"的需求。"从有到优"，安全只是奶业发展的底线，行业还要做到优，优才是发展。

在王加启看来，"十四五"期间中国奶业发展的关键就在于破解奶业优质发展的难题，这一点十分迫切。

而实际上，目前行业内外对于奶业的优质发展或高质量发展并没有深刻的认识，尚未形成体系，很多行业人士认为，高质量发展目前仅停留在名词阶段。

王加启指出，将高质量发展简化理解可以梳理出两条本质，一方面是以健康为导向的优质发展，另一方面是以竞争力为导向的优质发展。

习近平总书记在9月11日出席科学家座谈会提出"四个面向"要求，即为"坚持面向世界科技前沿、面向经济主战场、面向国家重大需求、面向人民生命健康"。从"三个面向"增加为"四个面向"，这其中增加"面向人民生命健康"对于奶业工作的指导具有重大的意义。

而在王加启看来，目前国内奶业目前对于健康导向发展并没有形成充分认识。

2020年9月14日，国务院办公厅关于促进畜牧业高质量发展的意见，明确要求畜牧业高质量发展。

方针和方向已经明确，未来奶业要针对方针和方向，及时调整。一是在科研上，探索高质量发展的技术需求，深入挖掘奶及奶制品的营养健康价值，设立国家重大专项，开展联合攻关；二是在产业具体政策制定上，制定高质量发展的落地措施；三是在消费引导上，科学引导消费，理性消费奶及奶制品。

另外，以竞争力为导向的优质发展思路则十分清晰，即让老百姓把奶喝起来。

目前监测数据表明，人均奶制品的消费量离中国居民膳食指南所推荐的300g还有非常大的距离。但可喜的是，近年来，乳品的消费量在提升，人均能够达到将近100g，所以从消费量看，还不能够完全满足我国居民营养健康水平的需要。

事实上，有关于以健康和竞争力为导向的发展方式探索在国内已经展开。

基于奶的基础特征，在农业农村部和国家农业科技创新联盟的领导下，成立了国家奶业科技创新联盟，立足"优质奶只能产自于本土奶"的科学理念，制定了一套优质乳标准化技术体系，涵盖从养殖—加工—营销等全产业链17项标准，已经在全国25个省55家企业应用。理念已经转化为技术，在全国已经得到认可。

王加启表示，这是中国奶业优质发展的一种尝试，未来奶业需要建立在技术、实验、示范的基础上做更多的优质发展的尝试。

奶业仍是短板，需要国家重点关注

王加启指出，虽然取得了瞩目的成就，但是从国民经济整体或者农业发展的整体来看，奶业的发展依旧还是一个短板，未来十年的发展，仍然需要国家的重点关注和重点支持。

而对于奶业的未来发展，王加启目前关注两个问题。

一方面，中国奶业需要融入全球奶业的发展中去。

事实上，中国奶业也正在不断地融入全球化竞争中来。以伊利、蒙牛为代表的中国乳业企业近些年不断地通过海外投资和兼并扩大其海外布局，与此同时各大企业也通过技术合作、研发交流的方式，利用国际先进技术，带动中国奶业的整体发展。

而王加启认为，中国奶业融入全球发展并非简单的资金投入，单纯的讨论进出口贸易、合资建厂也并非是完全地融入国际竞争。未来中国奶业需要考虑更多的是，在国际间的标准制定、定价权、资源配置方面，中国奶业拥有更多的话语权，乃至主导作用，才是中国奶业参与融入全球奶业发展的关键所在。

另一方面，奶业"做强做优"还没有完全落实。

虽然国家针对畜牧业已经制定了高质量发展的要求，对奶业，更是提出了做强做优的要求。但是如何落实到具体行动上，也是面临的关键难题。

但是，在农业其他行业中，步伐就比较快，例如粮食行业已经制定了切实可行的指导意见、国家标准等。

因此，建议管理部门尽快制定奶业高质量发展的落地措施，开展高质量发展的科学研究，以实现奶业"既优又强"。

王加启认为奶业的高质量发展，一是奶农与加工企业利益链接紧密；二是企业的产品核心竞争力强；三是饲料、饲养、疫病、健康、生乳、加工、品控、物流等全产业链条过程控制规范；四是土地、水源、奶畜、环境等相互配套、可持续发展。

参考文献

国家奶牛产业体系，2021-01-27. 中国奶业经济月报[EB/OL].
https://mp.weixin.qq.com/s/_F6gyAWFVgy5hsLMqcZ-bA.

国家奶牛产业体系，2021-01-28. 中国奶业贸易月报[EB/OL].
https://mp.weixin.qq.com/s/CJwAABLoxpDSBSlM1uoBsA.

国家市场监督管理总局食品安全抽检监测司，2020-07-30.
市场监管总局关于2020年上半年食品安全监督抽检情况
分析的通告[EB/OL]. http://www. samr. gov. cn/spcjs/yjjl/
sphz/202007/t20200730_320378. html.

国家统计局，2021-02-08. 中华人民共和国2020年国民经济
和社会发展统计公报[EB/OL]. http://www.stats.gov.cn/tjsj/
zxfb/202102/t20210227_1814154.html.

黄泽颖，王济民，2015. 2004—2014年我国禽流感发生状况
与特征分析[J]. 广东农业科学，42（4）：93-98.

联合国粮食及农业组织，2021-04-09. 粮食和农业数据[EB/OL].
http://www. fao. org/faostat/zh/.

刘玉满，2006. 我国奶业发展面临的风险、问题及制约因素
分析[J]. 北方牧业：奶牛（1）：16-20.

刘长全，韩磊，2021. 2020年中国奶业经济形势回顾及2021
年展望[J]. 中国畜牧杂志，57（3）：212-216.

欧盟食品与饲料快速预警系统[EB/OL]. https://ec. europa. eu/
food/safety/rasffen.

彭华，张超，等，2020. 世界主要奶业国家奶业发展及与中
国合作现状[M]. 北京：中国农业科学技术出版社.

王加启，郑楠，李松励，等，2016. 优质乳工程：理论与实
践[J]. 中国乳业（10）：2-9.

肖湘怡，王加启，杨祯妮，等，2020. 台湾地区巴氏奶产业发
展经验、成效及对大陆的启示[J]. 世界农业（9）：120-127.

殷成文，2003. 中国奶类发展援助项目（连载一）[J]. 中国乳
业（1）：4-7.

CAMPIONE E，LANNA C，COSIO T，et al.，2020. Lactoferrin as potential supplementary nutraceutical agent in COVID-19 patients：*in vitro* and *in vivo* preliminary evidences[J]. bioRxiv，doi：https://doi.org/10.1101/2020.08.11.244996.

FISCHER A J，LENNEMANN N J，KRISHNAMURTHY S，et al.，2011. Enhancement of respiratory mucosal antiviral defenses by the oxidation of iodide[J]. American Journal of Respiratory Cell and Molecular Biology，45（4）：874-881.

HARTOG DEN G，JACOBINO S，BONT L，et al.，2014. Specificity and effector functions of human RSV-specific IgG from bovine milk[J]. PLoS ONE，9（11）：e112047.

INAGAKI M，YAMAMOTO M，CAIRANGZHUOMA，et al.，2013. Multiple-dose therapy with bovine colostrum confers significant protection against diarrhea in a mouse model of human rotavirus-induced gastrointestinal disease[J]. Journal of Dairy Science，96（2）：806-814.

LI H Y，LI P，YANG H G，et al.，2019. Investigation and comparison of the anti-tumor activities of lactoferrin，α-lactalbumin，and β-lactoglobulin in A549，HT29，

HepG2, and MDA231-LM2 tumor models[J]. Journal of Dairy Science, 102（11）: 9586-9597.

LI H Y, LI P, YANG H G, et al., 2020. Investigation and comparison of the protective activities of three functional proteins-lactoferrin, α-lactalbumin, and β-lactoglobulin-in cerebral ischemia reperfusion injury[J]. Journal of Dairy Science, 103（6）: 4895-4906.

REN G X, CHENG G Y, WANG J Q, 2021. Understanding the role of milk in regulating human homeostasis in the context of the COVID-19 global pandemic[J]. Trends in Food Science & Technology, 107: 157-160.

SCHLIMME E, CLAWIN-RA DECKER I, EINHOFF K, et al., 1996. Studies on distinguishing features for evaluating heat treatment of milk[J]. Kieler Milchwirtschaftliche Forschungsberichte, 48: 5-36.

SHIN K, WAKABAYASHI H, YAMAUCHI K, et al., 2005. Effects of orally administered bovine lactoferrin and lactoperoxidase on influenza virus infection in mice[J]. Journal of Medical Microbiology, 54: 717-723.

WELK A，MELLER CH，SCHUBERT R，et al.，2009. Effect of lactoperoxidase on the antimicrobial effectiveness of the thiocyanate hydrogen peroxide combination in a quantitative suspension test[J]. BMC Microbiology，9：134.

致　谢

衷心感谢以下单位和项目的支持：

农业农村部农产品质量安全监管司

农业农村部畜牧兽医局

农业农村部农垦局

农业农村部奶产品质量安全风险评估实验室（北京）

农业农村部奶及奶制品质量监督检验测试中心（北京）

农业农村部奶及奶制品质量安全控制重点实验室

国家奶业科技创新联盟

中国农业科学院重大科研选题

国家奶产品质量安全风险评估重大专项

农产品（生鲜乳、复原乳）质量安全监管专项

公益性行业（农业）科研专项

国家奶牛产业技术体系

中国农业科学院科技创新工程